Living Lab 创新模式中的
知识创造机理

王爱峰　著

科 学 出 版 社

北 京

内 容 简 介

Living Lab 是知识社会与"互联网+"时代的一种创新模式，也是一种创新方法，本书从知识管理的视角对 Living Lab 的创新科学原理进行了深入解析。本书基于实证数据研究了各种情境因素与用户知识获取效果之间的关系，归纳了用户知识的获取机理；应用知识创造的类生物理论，解释了 Living Lab 本质特征对知识创造的影响过程，提出了 Living Lab 中的知识生成与进化机理；在此基础上构建了 Living Lab 中知识创造的三维演化模型，在总体层面上归纳了 Living Lab 中的知识创造机理，在方法论维度上总结了促进知识创造的方法和途径。本书在解释 Living Lab 创新原理方面进行了尝试，可以为 Living Lab 创新模式的推广应用提供一定的理论指导，也为根据实际情况进一步改良创新模式打下理论基础。

本书适用于广大科研人员、管理人员、企业领导在创新工作中的理论学习和实践操作，也可作为大专院校师生学习和应用创新方法的参考用书。

图书在版编目（CIP）数据

Living Lab 创新模式中的知识创造机理/王爱峰著. —北京：科学出版社，2016.12

ISBN 978-7-03-050065-6

Ⅰ.①L… Ⅱ.①王… Ⅲ.①知识创新–研究 Ⅳ.①G302

中国版本图书馆 CIP 数据核字（2016）第 233914 号

责任编辑：徐 倩 / 责任校对：杜子昂
责任印制：徐晓晨 / 封面设计：无极书装

科 学 出 版 社 出版
北京东黄城根北街 16 号
邮政编码：100717
http://www.sciencep.com

北京虎彩文化传播有限公司 印刷
科学出版社发行 各地新华书店经销
*
2016 年 12 月第 一 版 开本：720×1000 B5
2018 年 1 月第二次印刷 印张：12 3/4
字数：244 000

定价：76.00 元
（如有印装质量问题，我社负责调换）

序

　　自主创新、方法先行,大力推进创新方法研究与推广应用是一项长期性、战略性的工作。《中共中央关于制定国民经济和社会发展第十三个五年规划的建议》中创新、协调、绿色、开放、共享五大发展理念的提出和创新方法领域首个国家标准《创新方法应用能力等级规范》(GB/T 31769—2015)的正式实施,为我国创新方法的研究与推广提供了重要支撑。

　　作为加快创新进程、提升创新效率、减少创新成本强有力的理论工具,创新理论与方法的基础性研究已经成为时代发展的迫切需求,越来越多的学者也致力于这一领域的研究,探究适用于当代中国国情的创新模式与方法具有重大的理论和现实意义。

　　该书所述的 Living Lab 模式,正是一种典型的创新方法。随着创新活动由以技术发展为导向的传统模式向以需求为导向的开放性模式转变,重视协同创新的 Living Lab 应运而生。Living Lab 强调用户驱动,企业、研究机构、公共管理部门等多方参与,依赖现代信息通信技术,把传统实验室扩展到现实的社会生活,在真实的情境中开展创新活动,是一种典型的“互联网+”创新的模式。其协同创新的思想与我国创新发展的理念不谋而合,虽然 Living Lab 已在欧洲进行了很多有益探索,但构建适合我国国情的、中国特色的 Living Lab 模式更具现实意义。

　　王爱峰同志长期从事技术创新和知识管理领域的研究,对 Living Lab 创新模式与方法的探索关注已久,是国内较早涉及该论题的研究者之一。长期以来,他在此领域陆续发表了多篇学术论文,形成了一批较有价值的研究成果。该书是其最新研究成果的汇集,展现了我国青年学者在此领域的努力耕耘和成果的不断积累。

　　随着“互联网+”时代的到来,越来越多的创新实践在中国开展并得到热烈响应,中国也在推动世界的创新发展中承担着越来越重大且义不容辞的责任,更多的创新理念与方法应该产生在中国。希望该书的出版能够吸引更多的人关注、学习和应用创新方法,让更多的人关注新时代的创新模式与方法的研究,从而为中国的创新发展贡献一份力量。

　　是为序。

侯光明

2016 年 7 月 31 日

前　　言

时至今日，创新对于国家和民族的重要意义已经毋庸置疑，目前世界上很多国家都对创新制定了鼓励政策，对如何促进创新进行了很多有意义的探索，中国也把创新驱动发展战略作为国家重大战略。随着互联网时代与知识社会的来临，"变"与"快"成为时代的主题，创新效率在很大程度上决定了创新成功的成功率。为了提高创新效率，有必要采取合理的创新方法与工具，创新方法可以启发创新思维，找到解决问题的途径，避免创新过程中的盲目性。在现代信息通信技术（information and communication technology，ICT）的催化下，社会结构发生了革命性的变化，从信息社会转向知识社会，原来清晰的组织边界也逐步消融，社会参与变得更加便利。从知识管理的角度看，创新的本质体现为知识的创造与应用。在这种态势下，创新主体也从专业的科研人员逐步下移与泛化，用户也成为重要的创新主体，用户知识成为知识创造的重要基础，创新形态也打上了浓厚的"草根"色彩。Living Lab 正是在这种大背景下产生的一种新的创新模式与创新方法。

Living Lab 诞生于美国，成长在欧洲，这种创新模式充分应用现代信息技术，强调以用户为中心在真实的情境中进行创新，其核心思想与互联网思维可谓不谋而合。Living Lab 目前在欧洲得到了长足的发展，取得了很多宝贵成果。真正的创新既要知其然，更要知其所以然，为了在中国推广应用这种创新方法，适应中国的国情，有必要对这种方法的创新科学原理进行探索。基于知识社会的本质要求，本书从知识的视角对 Living Lab 进行剖析，试图搞清楚其中的知识创造机理，从而掌握其创新科学原理，为借鉴与应用这种创新模式打下基础。

本书在撰写过程中得到了北京理工大学现代组织管理研究中心的大力帮助，也获得了科学技术部中国 21 世纪议程管理中心的大力支持，在此表示衷心的感谢，同时感谢科学出版社能够出版本书。本书是科学技术部创新方法工作专项"新能源汽车产业中的创新方法应用研究与示范"（项目编号：2015IM030100）的重要工作内容。本书在写作过程中，参考了近年来国内外相关研究领域的一些最新研究成果，在此也向这些成果的所有者表示感谢。

由于本领域的研究在国内尚处于探索阶段，限于笔者水平，本书的内容难免会有不足之处，一些观点与论断还需要进一步的探讨，敬请专家和读者给予批评指正。

王爱峰

2016 年 4 月 28 日

目　　录

第 1 章 Living Lab 的起源与发展

1.1 新时代的创新

自从工业革命以来，当今社会的形态已经发生了本质的变化。在工业时代，技术与设备，以及专业的科研人员是为一国科技水平的重要表征，技术进步对社会的贡献是显而易见的，在分布于诸多专业领域的专业人员的努力下，新技术与新理论持续稳步出现，生产效率持续提高。随着后工业时代的来临，传统的市场呈现饱和效应，技术贡献也呈现出边际递减效应，同时，供给结构与需求结构均呈现出显著的动态性，从而社会结构也发生着本质的变化。信息技术的发展，为传统技术因素的新生提供了催化剂，人们逐步认识到，在传统的物质资源、人力资源之外，一种新的资源成为推动社会进步的重要力量，成为所有资源中的核心部分，这就是知识。当今社会已经从工业社会、信息社会逐步过渡到了知识社会，创新成为知识社会的典型特征。

随着知识社会的来临和全球经济一体化的持续加深，国家和企业自主创新能力的重要性在经济社会的发展中得到了理论与实践层面的双重印证。在我国提出建设创新型国家战略的背景下，如何提升自主创新能力就成为社会经济及科技研究领域的热门问题。在知识社会中，创新呈现出若干新的特征，创新的驱动力从专业的科研人员转移到用户及所有人，大众创业、万众创新成为新常态。为此，必须牢牢把握第四次科技革命带来的机遇，在全球化的背景下，探索既符合社会发展趋势又适应中国国情的创新模式和创新方法，研究新型创新模式的机理，通过应用创新方法，迅速提升国家、地区和企业的自主创新能力。

从我国的现实国情来看，依靠高耗能、高排放及高密度的资金投入的"三高"式经济增长方式已经不可持续，面临着环境与资源的双重约束。需要尽快实现经济增长方式的转变，摆脱对传统产业和污染产业的依赖，突破资源约束与环境约束的瓶颈，实现社会经济发展从要素驱动型向创新驱动型转变，这些目标只有依靠自主创新方可实现。也只有依靠自主创新，才能应对世界经济一体化和竞争全球化的挑战，为中华民族伟大复兴战略和实现"中国梦"提供坚实的保障。

1.1.1 传统创新的困境

随着时代的发展，创新成为企业实现快速、可持续发展的唯一途径，研究和统计表明，掌握创新方法和践行创新的企业发展更为迅速，获利能力也更强[1]。

在经济全球化的态势下，企业面临的不再是区域内的竞争，而是必须要直接面对全球范围内的竞争。为了建立长期有效的竞争优势，实现可持续发展，就必须走自主创新的路子，自主创新能力也就成为国家和企业实现长久竞争优势的核心因素。

创新的概念最早是由熊彼特（Schumpeter）提出来的，他将创新描述为一种新的生产函数，也就是生产要素的重新组合，正是这种新的组合在不断推动着经济的发展。熊彼特总结了创新的五种形式：①开发一种新的产品；②采用一种新的生产方法；③开辟一个新的市场；④获得一种的新的供应源；⑤构建一种新的组织。这五种创新形式后来被归纳为产品创新、技术创新、市场创新、资源配置创新和组织创新。

在创新的引领下，在过去的 100 年，人类在科学技术及经济发展方面取得了巨大的成就，新的产品不断出现，如人造卫星、电脑、数码相机、高速铁路、转基因生物、工业机器人等，生产的效率越来越高，市场已经完全渗透到地球上每个角落，人类已经开始走出地球，探索更远的未知世界。可以说，近百年来，人类创造的财富比过去几千年都多，但与此同时能源消耗量越来越大，更多的矿产资源被开采利用，企业的组织结构越来越复杂，越来越庞大，以工业技术为代表的传统创新面临越来越多的困难，受到多重制约。

第一是产品制约。人类消费结构和生活状态发生了很大变化，工业品逐步呈现饱和状态，人类的需求在向更高的层次发展，心理需求、精神需求早已代替了生理需求，成为主要需求内容。在当前的产业结构中，农业所占的比例已经微不足道，目前在发达国家已经低于 10%，高效率与高技术的现代农业已经能够保证地球上的农副产品供给；传统的工业如制造业、采掘业、建筑业等所占比例也呈现下降趋势，发达国家差不多已经低于 20%；而服务业比例呈现明显的上升趋势，甚至达到 60%以上。服务创新逐步取代产品创新成为现实的趋势。

第二是创新驱动力的制约。近代以来，专家主导的技术创新就一直是创新的主流，新的技术层出不穷，这些技术以工业技术为代表，包括农业、交通、生物、医药等方面的技术。技术创新的主要驱动力是专业的科研人员（科学家）及技术开发人员，科研人员的不懈努力使得技术得以持续进步，生产效率大大提高，但近年来，专业技术驱动的创新模式出现了明显的边际效应递减现象；现代创新越来越呈现复杂化的特征，新的发明与突破越来越难，创新需要多方协同才能有突破；同时在信息技术的支持下，非专业人员的创新越来越频繁，创新亟须合力的推动，亟须"民主"的驱动。

第三是市场的制约。市场开拓一直是传统创新的重要活动，这种开拓行为表现为一种立体式的在空间范围内的拓展。截止到目前，一方面，产品市场已经基本渗透到地球上每一个角落，新的市场开拓越来越难；另一方面，市场的变化也越来越快，传统的市场开拓行为难以奏效。市场的变化是由于用户（消费者）的需求与偏好的灵活变动引起的，市场的占有不是一劳永逸的，而是呈现出明显的动态性，市场开拓行为必须从粗放式向精细化、准确化转换。

第四是资源的制约。传统工业技术的发展，为人类提供了前所未有的财富，大片的土地得到开发，机器代替了人类繁重的体力劳动，"日行千里"成为现实，人类甚至将自己的活动延伸到了外太空。但与此同时，地球上的传统能源几乎消耗殆尽，工业排放与人类日益奢侈的生活习惯带来了严重的污染，传统的发展模式已经不可持续，继续向自然要资源、要供应的行为必须改变，精细化、集约化的生活模式与生产模式成为大势所趋。

第五是组织制约。在传统模式下，很多企业的组织规模越来越大，组织结构越来越复杂，大企业病成为普遍现象。与此同时，社会形态与需求结构则呈现出明显的柔性化与动态化特征。传统的组织模式越来越不适应新形势的变化，管理强度日益增加，反应速度趋缓，世界上的"百年老店"越来越少，柯达公司的破产就是一个典型的案例。统计数据证明，企业生存周期正在越来越短。现代社会有两个重要特征，一个是"快"，另一个是"变"，互联网的出现更加剧了这两个趋势，企业的组织必须适应这些特征，实际上，近年来组织边界逐步在消融，社会正在呼唤组织结构的革命性变化。

传统技术创新之所以面临种种困境，是因为现代社会已经从工业社会、信息社会过渡到了知识社会，知识的竞争已经代替了传统资源的竞争，在这种情形下，创新模式也会发生革命性的变化，新的创新模式正在逐步孕育。

1.1.2　知识社会的特征

对于"知识社会"的概念，虽然目前还没有一个统一的定义，但专家学者对于知识社会的主要形态和特征已经有了更为广泛的共识。"知识社会"的概念最早是由管理学大师彼得·德鲁克提出的，他在《后资本主义社会》一书中提出，知识将成为社会的主要资源，而不是传统经济学家认可的资本、自然资源或劳动力，主要的社会团体是那些了解如何把知识应用于生产的经济工作者、技术工作者和其他专业人员。德鲁克指出，既然知识成为社会的核心资源，它就不可避免地对整个社会结构进行了重构，知识形成了新的社会驱动力，也成为推动经济发展的新能源，而且形成了全新的政治模式。所以，知识社会必然会引导管理方式的革命性变化，管理成为创造知识、应用知识来创造效益的行为。

美国社会学家丹尼尔·贝尔[2]在《后工业社会的来临》一书中也提出了类似的观点。与前工业社会不同，后工业社会是具有明显知识烙印的结构特征。"如果工业社会以机器技术为基础，后工业社会是由知识技术形成的。如果资本与劳动是工业社会的主要结构特征，那么信息和知识则是后工业社会的主要结构特征。"

知识社会的核心是"为了创造和应用人类发展所必需的知识而确定、生产、处理、转化、传播和使用信息的能力。而人类发展所必需的知识，其基础是与自主化相适应的社会观，这种社会观包括了多元化、一体、互助和参与等理念"①。正如联合国教育、科学及文化组织在信息社会世界首脑会议第一阶段会议上所强调的那样，知识社会的概念比技术和连接概念更加丰富，更加有利于自主化。知识社会是相对于"信息社会"而言的，信息社会的概念是建立在信息技术进步的基础之上，而知识社会的概念则包括更加广泛的社会、伦理方面的内容。信息社会只是实现知识社会的手段，信息技术革命带来社会形态的变革从而推动面向知识社会的下一代创新（即创新2.0）。

可见，知识社会的特征可以归纳为如下五点。

（1）知识成为社会系统中的核心资源。各类自然资源与传统劳动力逐步在经济系统中失去了原有的光环，新时代经济增长与这些传统资源禀赋的相关性逐步下降。越来越多的证据表明，知识这种无形资源在经济增长与社会进步中扮演着越来越重要角色。只需要考察一下最近数十年来资源型国家与知识型、创新型国家在发展道路与发展效果上差异，就可以很清楚地理解知识在社会中的地位变化。

（2）创新是知识社会的典型特征。知识在持续地塑造着知识社会的结构，知识不是一成不变的，其本身也在时刻进行着变化与增值。知识密度、知识新颖度及知识创造的效率，成为推动社会进步的最重要的内在动力，在全球化的竞争态势下，知识在不停地进行着重构，这些行为都通过创新表现出来。可见，创新是知识社会的典型特征。

（3）现代信息通信技术成为知识社会的重要基础设施。正如工业社会发达的铁路、公路、航空、酒店、仓库系统等基础设施一样，现代信息通信技术成为知识社会重要的基础设施。知识社会的效率体现为知识的产生、扩散、应用的速率，知识的存储、传播与增长都离不开相应的媒介与容器。现代信息通信技术就是知识的重要依托，应当说，知识社会的形成与现代信息通信技术是密不可分的。

（4）创新驱动民主化。知识社会的环境促成了创新的民主化，在现代信息通信技术的支持下，创新不再是专业人员的专利，而是普通大众的追求与责任。知识社会是一个创新驱动的社会，也必然是一个大众创新、万众创新、开放创新成为常态的社会。

（5）社会经济呈现服务化特征。进入知识社会后，传统机器及智能化机器逐

---

① http://www.un.org/chinese/esa/education/knowledgesociety/1.html。

步代替了人类繁重的体力劳动，人类的劳动逐步表现为各种知识的掌握和应用。第一产业、第二产业的产值和劳动力需求量逐步减少，而第三产业则呈现增长态势，服务业成为经济社会的主要产业，经济结构呈现服务化特征。

1.1.3　知识社会下的创新模式

进入知识社会后，经济不再由"石油推动"，而是由"知识"或"数据"推动，商业模式也发生了很大变化，传统的"B2C"（business to customer，商业对顾客）变为"C2A"（customer to all，顾客对所有），不再是单纯的企业变化来迎合客户，而是每一个人都有创新的责任与动力；企业不再关注规模和权力，而是更关注灵活性、敏捷性、个性化和用户友好；企业、国家之间合作代替对抗，并越来越重视对社会的关怀和责任。创新模式也随之发生了本质变化，以应对社会结构与经济形态的变化。在工业社会，人们更关注技术创新，创新往往体现为具体的研发（research & development，R&D），主体为专业的科研人员，实验室是主要的创新环境。在知识社会中，由于知识与网络的泛在性，创新呈现出升级模式，也就是所谓的"创新 2.0"，用户成为中心，大众成为创新的主体，传统的实验室扩展到整个社会，呈现出开放性的特点，所依托的工具与方法也得到了很大扩展，现代信息通信技术成为创新重要的支撑。

在知识经济时代，组织间的界线越来越模糊，越来越呈现出柔性化的趋势，复杂性与流体性特征越来越明显[3]。知识因素也已经成为创新成功的首要因素，而高效的知识管理，可以提高企业创新的成功率，降低创新风险。同时用户需求的多样化和动态化、社会结构的演化和技术革命的发展，要求企业有更强的知识获取能力、更高的知识更新和知识创造速率及准确性。企业要在日益激烈的竞争中赢得先机，就必须同时利用企业外部和企业内部的知识。开放与合作成为技术创新成功的重要途径，开放式创新已经成为大家的共识[4]。Chesbrough 首次提出开放式创新的概念[5]，就吸引了理论界与实业界的高度关注，很多专家和学者对开放式创新理论进行了深入研究，结果证明，这种创新模式能够有效提升企业竞争优势，是知识经济时代的选择。

进入 21 世纪，消费者的需求逐渐进入多样化、个性化时代，需求更新速度加快，如何准确把握和预测用户的需求成为创新成功的关键因素[6]，近些年来，用户在创新中的作用逐渐得到人们的认识和重视，用户参与（user involvement）、用户驱动的创新理论开始出现，以用户为中心的创新模式也逐步呈现在大家眼前，创新不再是曲高和寡的阳春白雪，而是草根皆可参与的民主行为[7-8]，传统的创新模式已经不能适应现代社会发展的需要，时代呼唤创新模式的革命。

与此同时，现代信息通信技术的飞速发展，如互联网的出现、手持智能设备的广泛应用、物联网的逐步发展壮大为信息和知识的流动及共享提供了平台和基础，深刻地改变着人们的生活、工作方式、组织方式与社会形态[9]。现代信息通信技术的飞速发展，使得用户参与的方式得到相应的技术辅助，更多的用户参与到创新过程中来，用户的参与深度和广度也得到极大扩展，"实验室"的范围也扩展到了人类真实的日常生活，用户成为重要的创新源。同时，现代信息处理技术的加强，使得人们能够有效地从纷繁芜杂的信息中提炼出对自己有用的知识，大数据时代的数据挖掘技术日益成熟。

新时代的创新模式逐渐表现出如下特征：①创新的组织边界逐渐消失，开放式创新成为大势所趋；②用户在创新中的作用越来越重要；③对现代信息通信技术的依赖越来越强，创新模式已经步入创新 2.0 时代[10]。在这种背景下，一种以用户为中心、注重现代信息通信技术的应用、强调真实情境的开放式创新模式应运而生，这就是 Living Lab。Living Lab 于 21 世纪初诞生于美国，在欧洲得到发展与壮大。

本书认为，Living Lab 是一种创新模式，也是一种创新方法，其核心目的是促进创新行为，提高创新效率，它的出现是创新模式适应时代要求的体现，Living Lab 在欧洲的实践，为促进提高欧洲联盟（以下简称欧盟）的创新能力方面发挥了不可磨灭的贡献，取得了丰硕的成果。我国正在实施建设创新型国家战略，先进创新模式或创新方法的引进是必由之路。为了使这种创新方法在我国切实发挥作用，搞清楚其内部创新科学原理至关重要。

Living Lab 出现的时间不长，目前对 Living Lab 的研究工作存在着严重的重实践应用、轻理论研究的问题，特别是对 Living Lab 创新科学原理的解释基本还空白，这严重制约着 Living Lab 的进一步发展。在知识经济时代，知识与创新融为一体，现代创新的过程也是知识创造的过程[11]。可见，Living Lab 中的知识创造机理能够很好地诠释这种创新方法的创新科学原理。

1.2　Living Lab 的产生与发展

1.2.1　Living Lab 的产生

在 Living Lab 出现以前，很多不同的研究都显示用户参与对产品研发成功起到至关重要的作用[12]。例如，Hippel 教授在综合了前人的研究后描述了"领先用户"（lead user）在创新过程中的重要作用，认为"领先用户"是创新的源泉[13]。Reichwald 最早提出普通用户的作用，指出普通用户也会对创新能力产生重大影响[14-15]，其后的现实情况也证明了其论断的准确性。进入 21 世纪后，一种强调信息通信技术工具支持、以用户为中心并基于真实情境的创新模式——"Living Lab"在美国诞生并快速发展,引发了学术界与实业界的广泛关注。在中国,Living Lab 大多被翻译成"生活实验室",它是新时代创新理念的体现,其概念和原型发端于美国麻省理工学院,在欧洲得到了更广泛的实践和应用。

Living Lab 创新模式将用户参与的程度进行了极大提高,使其覆盖面更广,从领先用户扩展到全体用户,用户参与的阶段也更长,基本上覆盖了整个创新周期[16]。有学者认为,Living Lab 相较于其他用户参与方法的核心优势在于,产品或服务开发、测试等多环节中的多情境性。Ballon 等认为,用户在日常生活情境下的评估和用户在产品研发制造的全过程中参与是 Living Lab 区别于其他传统用户参与方法的本质特征[17]。在创新环境方面,传统的实验室是一种高控制性的封闭环境,Living Lab 将创新环境从封闭的传统实验室转化为真实的日常生活环境,强调在真实环境中的创新。在创新工具与方法层面,从传统的方法和工具过渡到以信息通信技术为基础的工具,利用信息通信技术工具打造更有利于用户参与、更加真实的创新环境,同时为用户参与创新和多方合作提供便利的环境和工具。Living Lab 是一种典型的开放式创新模式,涉及的主体包括科研单位、开发单位(企业)、用户、政府等,通过采用信息通信技术手段来实现多方协作创新,激发集体智慧。

芬兰学者 Niitamo 在美国麻省理工学院做访问学者期间了解到 Living Lab 理论与概念,并将其引进欧洲[18]。Living Lab 在欧洲得到快速发展,其理论逐渐体系化,特别是在实践方面得到了极大推进,一大批基于 Living Lab 理念的项目得以确立,Living Lab 理论日臻成熟。欧盟于 2006 年 11 月 20 日由时任欧盟轮值主席国的芬兰,在埃斯波市发起成立欧盟 Living Lab 网络(Eruopean Network of Living Labs,ENoLL)。"第一波"来自 15 个欧洲国家的 19 个 Living Lab 加入了 ENoLL,ENoLL 实现了共同开发并为这些 Living Lab 提供相关服务。ENoLL 在方法层面进行知识共享,在合作机制上进行互换资源方面的创新,欲逐步建立起一个基于 Living Lab 研究开发的泛欧合作创新网络环境。ENoLL 是欧盟"知识经济"的典型特征与具体表现,其目的是在欧洲建立一个有利于民主创新与协作创新的全新环境,成为欧盟知识创造与共享的平台。ENoLL 经过 7 个波次的扩张,到 2014 年已经有 340 个 Living Lab 加入到 ENoLL 中[2]。ENoLL 的核心价值之一是加快了研发成果的转化速度,增强了新的科技成果转化的动力。ENoLL 还致力于开发新型信息社会服务、商务、技术和市场,将分离的 Living Lab 创新地区和创新者连成一个公共网络,推进应用创新、方法和环境建设。ENoLL 共有 24 个非欧盟国家成员,中国内地有 3 个,分别是北京邮电大学发起的移动生活俱乐部(中国)、中国天津 Living Lab 和中国移动通信公司 Living Lab。Living Lab 的产生过程理论如图 1.1 所示。

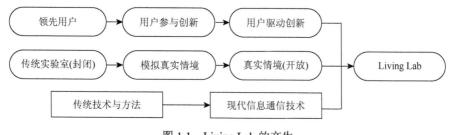

图 1.1　Living Lab 的产生

1.2.2　Living Lab 的概念

Living Lab 是一个新生事物，相关理念一经提出，就得到了广泛关注，很多学者从多个视角对"Living Lab 是什么"进行了研究，提出了自己的看法，形成了 Living Lab 概念丛林。

Living Lab 的概念最早由美国麻省理工学院的 William Mitchell 教授提出，他意识到传统实验室的局限性，封闭的环境会影响用户的行为，更难以把握用户随不同情境而产生的行为变化，从而模拟实际情况建设了世界上第一个 Living Lab 实验室，用于建筑设计和城市规划。Living Lab 是在真实的生活情境中，进行创意、原型设计、体验、测试，并通过这个流程进行持续改进的研究方法[19]。可见，最早的定义还是基于实验室的理念，对实验室进行了移植和扩充，人类的日常生活也被纳入了实验室范畴，但这个定义还没有明确强调用户的作用。随后，很多研究者对 Living Lab 进行了研究和实践，根据其理念进行了概念扩充，并从不同视角给出了定义，包括创新环境与创新生态说、创新方法或方法论、开放式创新模式说、综合观点等多个角度。

（1）创新环境与创新生态说。Ballon 将 Living Lab 描述为一种实验环境，用 ICT 技术来打造（模拟）真实的生活环境，并将用户作为一个核心特征纳入 Living Lab 的概念中来，指出用户也是共同创新者。其后，包括芬兰学者 Matti 在内的多个研究者指出，除人为模拟环境外，日常真实的生活情境也是 Living Lab 重要的研究场所，实验室的概念被扬弃。Salminen 等[20]指出，Living Lab 可以被看成一种生态系统，在这个系统中，Living Lab 的多个主体基于真实的创新环境，联合用户一起应用信息通信技术手段进行协作创新，构建共同愿景，以期达到共同的目标。近来得到很多人公认的一个观点是，贯穿于 Living Lab 是公共部门与企业、个人的真实的协作创新环境，是政产学研用多方协作的平台。

（2）创新方法或方法论。欧洲 Living Lab 协会 ENoLL 认为，Living Lab 是一种以用户为中心的创新方法。Almirall 等[21]在对欧洲的多家 Living Lab 进行深入访谈后认为，Living Lab 是一种以用户参与为特征的创新方法，这种方法成功的关键点在于采用技术（或技术体系）与用户所处生活情境的契合性，Living Lab

方法能够将用户的隐性知识成功地移植到产品或服务中去。他们把 Living Lab 方法特征总结为三点：①Living Lab 方法要求选定的用户群参与创新过程，目的是获取市场与地域性的知识；②Living Lab 通过将用户置于真实情境甚至整个创新生态系统中，去挖掘新颖的理解与创意，获取隐性知识；③Living Lab 通过降低进入门槛有利于中小企业参与，是一种公共与私营部门的联合体（public-private partnerships），有规范的管理制度。中国在 2007 年启动了创新方法工作，北京市科学研究院将 Living Lab 作为典型的创新方法进行推广应用，并出版了相应的专著对这种方法进行了较为详细的介绍。

（3）开放式创新模式说。Westerlund 和 Leminen[22]认为，Living Lab 是一个开放式创新模式。Leminen 等[23]将 Living Lab 描述为一个开放式的创新网络，并根据网络特征将欧洲的 Living Lab 分为四种驱动类型。Mulvenna 试图解释用户参与、公私合作、信息通信技术等对创新的促进作用，将 Living Lab 认定为创新的催化剂[24]。Van der Walt 和 Buitendag 认为，Living Lab 是一个合作创新的环境[25]，知识的分享是这个环境的重要使命。芬兰阿尔托大学的研究团队认为，Living Lab 的用户群可以扩展到全体用户，将研究范围大大扩大，认为 Living Lab 要研究用户的日常生活，是将传统实验室扩充到了社区、城市甚至整个世界，并从真实情境嵌入度和信息通信技术应用度两个维度对方法和工具进行了分类[26]。

（4）综合观点。北京邮电大学的李青和娄艳秋[27]认为，Living Lab 概念内容可以归纳为四层含义：①实验环境或创新环境，特点是用户参与，真实情境；②创新方法集，Living Lab 包含一系列创新方法与创新工具（后来很多专家都认为 Living Lab 本身就可视为一种典型的创新方法），包括多方协作环境、真实情境工具；③生态系统，从创新生态的角度来看，Living Lab 包括科研机构、用户、企业、政府等多个群体，处于一定的环境中，共同进行创新活动，具有一定的共生与演进机制；④服务，Living Lab 可以看成是一种服务，宗旨是为提高创新能力促进协作创新提供支持。Living Lab 之所以被不同的专家赋予不同的定义，是因为这种创新模式还在持续演进过程中，还没有达到成熟的程度，相关标准和程序都还处于缺失状态。

北京邮电大学的纪阳[28-29]认为：①从创新模式角度，Living lab 所代表的模式是一种"创新 2.0"的模式，即用户参与式的创新是其主要特征。②从产业链的环节来看，Living Lab 可以认为是为高校、科研机构、企业、政府提供创新服务的一个服务供给者，注重营建有利于多方合作的区域创新环境，刺激创新行为。③产业界关注 Living Lab 的核心动因是希望提高创新成功率。④从实现"Living Lab 创新服务"的内部机理来看，Living Lab 正在形成一种"创新服务总线"的模式。创新所需要的各种要素，如投资、市场分析、用户分析、技术基础设施、多学科专家、用户试用、社会认可评估等，都能够在 Living Lab 体系中高效集成。

Living Lab 发展的趋势是在应用与市场的带动下，将上述服务于要素的提供高效化，从而能够极大地刺激区域创新的速度和成功率。⑤当前 Living Lab 处于的阶段是"创新 2.0"阶段，下一阶段将发展到"创新 2.0"+"创新服务总线"的阶段。也就是说，目前 Living Lab 自身服务的有序、标准目前还是制约 Living Lab 发展的一个瓶颈，而标准的制定必然需要搞清楚 Living Lab 方法的内部机理，这需要经历一个探索期。

在国外比较权威并得到很多人引用的定义是 Følstad[30]在 2008 年提出的，也属于一种从综合角度上给出的定义，"Living Lab 是基于如下途径促进创新或创新进程的模式：研究应用情境，关注产品意外的可能用途和机会，大量用户参与的解决方案验证，基于真实情境的用户为中心的创新"。

本书认为，Living Lab 概念可从三个角度进行诠释，可以被视为一种创新模式，也可以被视为一种创新方法或一种创新环境。

首先，Living Lab 中包含多类创新主体，如科研人员、开发人员、企业、用户、政府等，在创新过程中比较重视充分应用各类主体的知识，Living Lab 的组织结构是开放性的，注重积极引入外部知识，各类主体在一定的规则之下（包括信息通信的辅助）进行协作创新，是一种典型的开放式创新模式；其次，Living Lab 有明确的提出者，目标是促进创新行为，提高创新效率与成功率，有比较规范的创新程序与创新规则，是知识经济时代创新规律的重要体现，这些都符合创新方法的定义，可见 Living Lab 是一种典型的创新方法；最后，Living Lab 是一个知识转移与知识创造的平台，提供有利于各方共同创新的真实情境，所以也可以被看成是一种创新环境。

综上所述，Living Lab 是一种以用户为中心的开放式创新模式，其目的是促进各类主体特别是用户的创新行为，提高创新效率，是一种切实有效的创新方法，也是一种真实的创新环境。

1.2.3　Living Lab 的发展

Living Lab 概念提出后，相关理论及实践研究逐步在世界各地展开，目前关于 Living Lab 的文献数量并不太多，截至目前可查阅到的文献约有 200 余篇，国内论文不足 20 篇。从文献研究可以看出，截至目前，Living Lab 的发展过程可以分为三个阶段。

2003~2006 年为 Living Lab 的发起和探索阶段，这一阶段 Living Lab 开始传入欧洲并引起关注，一些带有相关特征的 Living Lab 项目开始在欧洲各国开展，但这些 Living Lab 项目并不完全符合 Living Lab 的典型特征，人们对 Living Lab 的理解还比较肤浅。理论研究尚未起步，经笔者查阅，到 2005 年方有第一篇明确介绍 Living Lab 的论文，名为 *Configuring Living Labs for a "Thick" Understanding of Innovation*，该论文讨论了 Living Lab 的定义，介绍了 Living Lab 的结构和创新设计的几个阶段。

2006～2010 年是 Living Lab 发展的第二个阶段，属于快速扩张阶段，典型标志就是 ENoLL 的构建，在这个阶段，Living Lab 的理念和工具引发欧洲科研与实业领域的广泛关注，欧洲各国政府也对 Living Lab 寄予厚望，引发了一波针对 Living Lab 研究的热潮。从文献分布可以看出，关于 Living Lab 的论文大部分分布在这个阶段，其中 2008 年是文献最为集中的年份。文献讨论的热点的还是"Living Lab 究竟是什么"的问题，可见这个阶段专家对 Living Lab 的理解存在很大偏差，同时更多的 Living Lab 得以建立，并加入 ENoLL。但这个时候也存在鱼龙混杂的现象，一些传统的类似 Testbed 的机构开始贴牌。但总体来说，Living Lab 的理论与实践在这个阶段得到了快速的发展，很多有意义的探索开始推进。

ENoLL 经历了七次发展浪潮，第一批会员中的 19 个 Living Labs 和第二批会员 32 个 Living Labs 均来自欧洲国家，从 2008 年开始，除 68 个欧洲 Living Labs 外，还包括中国大陆（1 个）、中国台湾（2 个）、巴西（4 个）、南非（2 个）、莫桑比克（1 个）加入 ENoLL。2013 年新加入第 7 批的 25 个 ENoLL 成员多数来自欧洲国家，超过 1/4 的新成员来自非欧洲国家，比较有代表性的是加拿大生活实验室，以及亚洲、非洲和加勒比地区的国家。截至目前，ENoLL 已有大约 340 个认证的会员。欧盟将 Living Lab 的建设作为重塑其科技创新能力的重要举措，并正致力于将 Living Lab 创新网络延伸向全球各地。

在这个阶段，对 Living Lab 的研究主要还是应用研究，集中在商业领域、通信网络、服务创新和智慧生活方面，智慧生活仍是主要领域，还涉及教育、移动互联网、通信网络、医疗保健等领域，节能环保行业也开始出现 Living Lab 的应用案例。Living Lab 的应用与生活密切相关，这由其"以人为本""在生活中创造"的本质决定。Living Lab 的应用已深入到生活的各个方面。Living Lab 在智慧生活、构造智能环境方面有很好的应用，研究了如何使人们在智慧环境中更高效地生活。Budweg 和 Schaffers 等学者介绍了生活实验室框架的实施和评估，该框架促进了协同工作环境的创新来提升专业社区，并使用社会技术系统观来解释其框架和成果的变化推动角色[31]。有学者为实现乡村地区情境感知的协同工作建立了一个 Living Lab 网络平台，通过实验得出，基于开放的面向服务的体系结构（service oriented architecture，SOA）方法，使用总线结构建立的 Living Lab 网络可以促进 Living Lab 动态集成，同时也能保证所有 Living Lab 的互联互通。

2010 年以后是 Living Lab 发展的第三个阶段，对 Living Lab 的框架开始达成一定范围内的共识，Living Lab 的发展成果也开始涌现，经验得以通过网络进行共享。在继续探索 Living Lab 应用案例的同时，新的信息通信技术工具与方法得到了比较快的发展。一些专家开始思考 Living Lab 的运行机制问题，关于 Living Lab 的实际创新过程的讨论开始成为研究的重要内容，关于 Living Lab 的实证研究也多了起来。

例如，Vicini 等于 2013 年发表的论文 *User-Driven Service Innovation in a Smarter City Living Lab* 介绍了米兰的智慧城市建设案例，通过应用协同创新相应的方法和工具，提出了作为服务未来智慧城市的用户驱动开放式创新生态系统，这既是一个虚拟的，也是一个真实的研究环境和社区，通过这个社区来探索和讨论生活实验室中的共同创造方法是怎样被应用到服务创新和潜在的物联网技术开发过程中的[32]。Prendinger 等基于 3D 网络设计的虚拟生活实验室，综合应用现代导航技术与互联网技术，让用户参与体验，研究未来城市的旅游协助系统[33]。近年来，基于 Living Lab 的特征，其在服务创新中的应用越来越得到人们的重视，如有学者将一些现代系统工程过程及生活实验室应用于服务创新中，提出新颖的工程服务架构（SEA），该架构提供了一个制定框架，不仅有利于以人为本的服务系统创新，还为服务科学、管理和工程指出了一个有价值的研究方向[34]。Katzy 提出了一个商业卓越模型，显示了创意和团队动员、新产品开发、用户参和企业家精神的流程，通过这个流程生活实验室能提供高潜力的投资机会，但这仍然是一个艰巨的挑战，需要进一步的讨论[35]。此外，还有学者对 Living Lab 的管理做了研究，如 Guzman 和 Carpió 通过对六个生活实验室进行了案例研究，创建和验证了生活实验室中的过程参考模型，这是对生活实验室管理的探索[36]。Van der Walt 等最早提出一个 Living Lab "四工厂式"的框架模型[37-38]，将 Living Lab 分解为四个子系统，他们把每一个子系统称之为一个"工厂"（factory），这四个工厂分别是产品工厂、社会网络工厂、服务工厂和知识生产工厂。

Living Lab 是伴随着现代信息通信技术的发展而产生并壮大起来的，Living Lab 的一个重要初衷就是让信息技术特别是数据分析技术、虚拟现实技术、可视化技术、物联网技术、Web2.0 技术、云计算技术等来促进创新，提升创新能力，所以在国内外 Living Lab 实践项目中，很多集中在信息技术比较密集的领域，如电子商务、电子政务、基于信息技术的服务领域（如远程医疗技术、智能通信技术）、智慧城市、信息技术（information technology，IT）产品和服务的设计和开发等领域。

虽然在欧洲和世界其他地方取得显著进展，但 Living Lab 仍然是一种新生事物，在欧洲参与 Living Lab 研究与建设的多为信息技术或通信行业的专家，使得 Living Lab 在管理学理论方面的研究还很欠缺。作为一种典型的创新模式和创新方法，为了使这种创新方法更好地发挥作用，特别是适应我国的现实国情，就必须深入分析其内在运行机制与创新科学原理。在知识经济时代，创新过程本质上也是知识获取、转移、整合、生成、应用的过程，搞清楚 Living Lab 创新模式中的知识创造机理，就能够准确揭示其创新科学原理，从而为 Living Lab 在我国的推广和应用打下基础。

1.3 研 究 意 义

Living Lab 是知识经济时代与 Web2.0 时代一种全新的创新模式和创新方法，其内在创新科学原理尚未被明确揭示，本书通过知识管理的视角研究 Living Lab 的创新科学原理，有利于这种模式与方法的进一步完善，有非常明显的理论意义与现实意义。研究 Living Lab 的理论意义可归纳为如下四个方面。

（1）Living Lab 作为一种创新模式与创新方法，为保证这种模式的有效运行，发挥其对创新的推动作用，就有必要搞清楚这种模式的创新机理。在知识经济时代和信息时代，创新的过程也必然是知识共享、创造和应用的过程，本书通过研究这种创新模式中的知识转移，以及知识创造的影响因素、作用过程，可以为解释 Living Lab 的创新科学原理提供一个有效的途径，为实际 Living Lab 的建设、运行提供理论指导，包括技术基础设施的建设、用户参与形式、真实情境实现方式，以及知识管理的方法和工具等方面。

（2）Living Lab 是以用户为中心、用户全过程参与的创新模式。用户在创新过程中掌握着越来越多的发言权和影响力。本书通过研究用户在 Living Lab 创新过程中的位置，分析用户知识的类型和作用，研究用户知识的获取机理，是对开放式创新模式下内外部知识探寻理论的重要补充，有利于进一步拓展用户参与创新的方式和渠道。

（3）通过理论与实践相结合的方法，本书通过对 Living Lab 知识创造过程进行观察和解析，归纳 Living Lab 中新知识的生成机制，通过对知识创造 SECI（socialization，externalization，combination，internalization，社会化，表出化，联结化，内隐化）模型和知识创造类生物理论的综合应用，提出 Living Lab 知识创造的三维演化模型，对知识创造理论做出进一步的拓展。

（4）本书利用定量与定性相结合的方法，综合利用文献分析、统计分析、微分动力学、案例推理、多属性评价等方法，对 Living Lab 创新模式中的知识创造机理进行分析，从管理学和方法论的角度对 Living Lab 进行研究，开拓理论研究的思路，抛砖引玉，为 Living Lab 理论研究的进一步开展打下基础。

研究 Living Lab 的现实意义主要包括如下两个方面。

第一，随着经济全球化和新技术革命的逐步深入，现代创新逐步走向开放化、协作化、民主化，对创新效率的要求越来越高，Living Lab 作为一种现代信息通信技术革命时代的开放式创新模式与创新生态，正在影响着创新的发展方向。研究 Living Lab 中的创新机理，有利于更好地发挥这种创新模式的作用，提高创新效率，适应时代的要求。

　　第二，当前我国正处在建设创新型国家的关键阶段，为了摆脱环境与资源瓶颈，保持社会经济的可持续发展，就必须大力引进、推广先进的创新模式和创新方法。搞清 Living Lab 的创新机理，探究其知识转移与知识创造机理，有利于在我国相应的领域和企业中推广应用这种方法，有利于更多的企业接受这种方法，有利于这种方法的正确应用，进而提高企业应用创新方法的积极性，提升企业的核心竞争能力。

第 2 章　相关理论概述

自从熊彼特提出创新的概念，创新理论一直在随着社会和技术的发展得到持续的发展和演化，新的创新理论不断出现，现代创新系统出现复杂化、动态化、系统化的特征。特别是进入知识经济时代以来，知识就成为创新系统中的关键要素，创新过程与知识创造过程不可分割。在全球化和科技革命的大背景下，市场需求呈现出动态化与个性化的特征，市场竞争形势也发生了很大变化。这些都在呼唤创新模式的革命，并通过新型创新方法的应用，来增强企业或区域的创新能力。Living Lab 作为知识社会一种以用户为中心的新的创新模式与创新方法，与知识的创造过程密不可分。为了研究 Living Lab 的创新科学原理，就有必要了解相关领域的理论，这些理论包括开放式创新理论、用户参与创新理论，以及知识本质和知识创造的相关理论。

2.1　创新模式与创新方法

在现有文献中，整个创新理论的起源都会追溯到熊彼特的理论[39]，熊彼特在对当时的经济发展进行了深入研究后提出，推动经济增长的最重要力量是创新。熊彼特的理论第一次提出了技术、组织等因素与经济增长的关系。研究者发现，技术的发展受多种因素的共同作用，与此相对应，创新的模式、企业组织形式都会随着时代的进步而不断演进[40]。在不做特别指定的情况下，本书中的创新特指技术创新。Living Lab 既是一种创新模式，也是一种创新方法。

2.1.1　技术创新模式概念

"模式"一词是个比较宽泛的概念，在不同的领域有不同的解释。从综合概念来说，《汉语大词典》对模式的解释是"某种事物的标准样式"[41]，而很多人则不认可这种解释，认为模式并不是永久的标准，而是一种柔性的系统，可以被建立，在必要的时候必须进行改进和重建[42]。席尔曼[43]认为，模式表现为一个过程，与情境相关，模式是关系到目标达成的重要因素。Alexander[44]指出，模式与不同的环境中出现的问题息息相关，模式是解决特定问题的核心因素。对于重复出现的问题，可以用模式来解决。王哲和赵振华[45]在对管理模式进行了研究以后提出，模式是系统科学思维的产物，其目的在于更好地应用系统科学的理论，指导管理中的实践问题。本书认为，模式可以看成一种制度、一种解决问题的方法论，模式与应用环境紧密相关，是一系列惯例、方法、制度的组合，目的是解决特定的问题。

关于技术创新模式的概念，目前在学术界还没有形成定论，缺乏一个统一的概念。根据技术创新演化的过程和学术界提出的种种创新模式进行归纳，可以发现技术创新模式的划分主要基于以下几个角度：①方法论角度，根据创新模式中采取了哪些方法、流程进行描述；②情境论角度，根据不同创新环境进行分类；③目标与战略论角度，根据模式要达成的目标或结果进行分类。

Silverberg[46]把技术创新模式描述为包含一系列内容的程序性规范，包括制定创新理念、确定创新目的、设计创新方案、实施方案、绩效评价、创新扩散等过程。Birchenhall 等[47]则认为，技术创新模式是企业在一定的创新环境中，内外部诸多要素相互作用、匹配而形成的一个稳定体系。我国技术创新领域专家傅家骥也认同技术创新模式是一种稳定的规范，关键点是创新理念与创新理论。汪碧瀛和杜跃平[48]对创新模式的定义重点强调了运行特征，指出创新模式是技术进步与需求变动之间的动态作用过程。

2.1.2　典型技术创新模式介绍

从 20 世纪 50 年代以来，学术领域开始针对技术创新行为和流程进行分类，随着时代的变迁，基于不同研究视角提出了多类技术创新模式。Rothwell 根据创新的演化过程，把技术创新模式分为五代，第一代和第二代属于简单的线性创新模式，创新行为是技术推动与需求拉动的结果。第三代创新模式属于创新的耦合模式[49]。人们认识到创新行为受诸多因素的影响，需要综合考虑多种因素在创新过程中的相互作用与耦合效应。第四代创新模式属于并行模式，企业一体化趋势明显，包括上游的供应商与下游的客户，纵向合作链上的各节点开始实现连接与结盟，通过合作实现利益最大化。第五代创新模式则是横向与纵向的一体化，也可称之为系统化或广泛网络化，强调组织的柔性、开放、灵活的响应机制和可持续创新。

根据创新模式的特性或视角，可以分别给出创新模式的分类，本书给出几种典型的创新模式。当然对创新模式的划分还有很多视角，本书不再一一介绍。

1. 渐进性创新模式与突破性创新模式

渐进性创新模式是在当前的技术水平、管理模式上进行局部改良与改进，包括技术的缓慢改进、装备的逐次换装、组织管理的渐进性改进等。由于资产的专用性，管理制度及规范的惯性，渐进性创新仍然在创新实践中扮演着重要的角色。所以，也有一些专家把渐进性创新称之为累积性创新或演化性创新。虽然渐进性创新在短时间内不会有突飞猛进的效果，但仍然不能忽视创新成果的累积性给创新主体带来的收益，所以对很多组织来说，渐进性创新仍然不可忽视[50]。

与渐进性创新相反，突破性创新模式可能是建立在一套完全不同的技术体系或者管理体系之上，导致企业产生突破性进展的创新。Kotelnikov[51]认为，突破性创新的表征指标包括创新成果具有完全新颖的功能，或创新使得产品成本出现显著降低，也可以是制造出一种市场上没有的新产品。Richard[52]则认为，突破性创新需要符合以下几个标准：①多个前所未有的产品性能特征；②功能强度或产量、质量指标提高五倍或五倍，产品成本降低三成或三成以上。突破性创新一旦成功，效果就会很显著，革命性技术得以应用，产品性能指标显著改善，或市场得到革命性的扩展。由于突破性创新的技术依赖性，发生的频率较低，同时技术的革命需要对原有生产基础进行替换，管理系统需要配套，往往阻力也较大，影响了创新的成功率。突破性创新与渐进性创新往往需要结合应用，可以表现为量变到质变的过程。

2. 产品创新模式与工艺创新模式

产品创新模式是推出新的产品，或者在原来产品的基础上进行改进，实现产品的改良。进行产品创新需要准确把握市场和用户的需求，根据用户需求进行产品的设计和生产，通过产品投放市场，满足市场需求，完成产品创新的循环周期。可见，这种创新模式需要根据市场信息配置自身资源，通过多个流程，实现新产品的创造或产品的改进，重视的是创新的结果。从创新程度上看，产品创新模式可以分为全新产品创新模式和产品改进模式，全新产品创新是在产品形式、技术机理、功能等方面推出具有较大程度变化的产品，而产品改进模式则是在原有基础上在性能、状态、形式等方面进行局部的改良。

工艺创新是一种过程创新模式，是在产品的实现方式上进行的创新。产品创新是基于结果的创新，而工艺创新是基于方法的创新，所以工艺创新涉及技术的引进、生产工具的进步和业务流程的重组。与产品创新模式相同，工艺创新模式也可分为全新工艺创新与改进型的工艺创新，采用革命性的技术生产相同的产品即全新工艺创新，如侯氏制碱法、电解法制铝等，而通过局部的工艺改良提高产品的质量或生产效率则属于改进型的工艺创新。

3. 技术推动模式与需求拉动模式

创新的动机是什么？是什么在诱导着企业或其他组织在实施创新行为？Schon 针对这些问题，提出了技术创新的动力可以从技术和需求两个方面进行分析，最早提出了技术推动与需求拉动的概念，也有学者提出两种模式的结合更有利于企业的创新，后人根据此假设提出了创新演化的双螺旋模型[53-55]。

　　创新的技术推动模式是技术推动学派（technology-push）提出的理念，该学派认为技术是推动社会和生产力进步的决定性力量，科学发现与技术进步是主要的创新源，人类社会中的技术进步（包括工具和方法的改进）极大地推动了技术创新的发生和扩散应用。这一学派虽然不否认市场需求的作用，但认为需求变动不是创新的直接诱因，在创新进步方面只起相对较小的作用。人类生产系统的进步也确实印证了这种观点，从第一次技术革命开始，每一次技术上的突破都极大地改变了生产方式，生产的速度和产量都得到了极大的改变。因为技术进步的基础是科学发现与技术发明，或者是重大技术改进，所以技术推动创新模式非常关注科学研究，建立了一个从科学研究开始的线性创新模型，也就是基础理论—应用—创新—商业化这样一个线性流程。这种观点在很长时间内成为主流认识，但随着科学技术的进步、市场的全球化、知识经济的来临、需求的多样性和动态性显现，线性创新模式很快遇到了瓶颈，技术推动模式非常关注技术的进步，但最终技术的进步也否定了这种创新模式。

　　需求拉动模式是指在外部市场需求的诱导下，企业基于获利的目的主动去开发产品适应市场的需求，从而实现创新的模式。需求拉动学派把市场需求因素作为创新动机的决定性因素，认为只有市场需求才可以激发创新者的创新动机，也只有在创新成果能够满足市场需求的情况下，创新才可能成功。Schmookler[56]通过对美国多个行业进行调查后发现，投资的变化领先于技术的变化，而投资的变化显示是市场需求作用的结果，可见市场需求比技术的推动在时间上要靠前，证明市场需求是创新的原动力。Roberts通过统计分析，发现78%的创新是基于需求拉动的[57]。

　　技术推动创新模式与市场需求拉动模式经过结合，也出现了综合模式[58]。综合模型从创新过程的两端同时进行分析，认为创新模式不是站在技术与需求两个极端，而是处于两者之间[59]，是推动力和拉动力的合力促进了技术创新的发展，技术和需求对技术创新来说都是不可或缺的[60]。

4. 封闭创新模式与开放式创新模式

　　根据对创新资源的利用情况，可以分为封闭式创新模式与开放式创新模式。封闭式创新模式顾名思义就是在企业或组织内部进行创新，在这种创新模式下，主要依靠组织内部的资源进行创新，并且要严格防止组织内的资源流到组织以外，必要的时候要加强保密措施，以保证自己的创新优势。

　　随着信息技术的发展和全球化趋势的加深，人们逐步发现，外部资源可以为企业创新带来额外的好处。通过与外部组织的合作，引入外部资源，可以大大加快创新进程，而在目前速度为王的时代，加快创新的速度是至关重要的。引入外界的异质性资源，对加强企业本身的创新能力也有重大意义[61]。

5. 创新 1.0 模式与创新 2.0 模式

实际上，目前并没有一个创新 1.0 模式的提法，它是相对于创新 2.0 模式而言的。所谓的创新 2.0 模式，是指新时代的创新模式，往往特指知识经济时代与互联网时代的创新模式。宋刚和张楠[16]指出，传统创新模式（创新 1.0 模式）的导向是工艺技术，主体为单一的专业技术人员，主要依托传统实验室。在知识经济时代，随着知识的流动性扩展和市场导向的加强，传统的创新模式必然会转向以用户为中心，以开放式创新、协同创新为主要表现形式的创新 2.0 模式。创新 2.0 模式实际是科学技术的发展，特别是信息通信技术的发展及社会结构形态变化的必然结果，是生产关系适应生产力的重要表现。创新 2.0 模式的主要特征有以下三个方面：首先是创新的民主化，创新的主体不再限于具有专业知识的科研人员，用户知识也成为创新的关键资源，自上而下的创新逐渐转为自下而上的创新，以技术为基础的创新模式转为以人为本的创新模式；其次是开放式创新与协作创新成为其主要表现形式，由于现代社会知识的分布性和快速成长性，外部知识成为创新的重要源泉，对外部知识的追寻能力和整合能力成为竞争力的主要基础，创新的复杂性也决定了封闭式创新的终结；最后是信息通信技术成为创新 2.0 模式的重要工具，正是信息通信技术的发展，互联网技术的成熟与应用，把分布在不同物理空间的知识紧密连接起来，成为知识转移的重要渠道，为创新 2.0 模式提供了技术支撑。宋刚提出了两种典型的创新 2.0 模式，分别是 Living Lab 模式和 Fab Lab 模式。

2.1.3　创新方法概述

创新的重要意义已经毋庸置疑，现代社会的一个重要任务就是推进创新。但时至今日，创新早已不是一件轻而易举的事情，任何一项创新成果，背后都充满了太多的付出甚至牺牲。在长期的实践和探索中，人们逐渐总结出了一些有利于降低创新风险、提高创新效率的方法。这些来自创新经验的积累所形成的方法就是创新方法，或者叫创新技法。这些方法大多以原则、诀窍、思路形式指导人们克服心理和思维的障碍，改善人们的思维灵活性[62]。通过总结和梳理，目前的创新方法多达数百种，Living Lab 就是其中之一。

创新方法在世界各国有不同的名称，如美国的"创造工程"、日本的"创造技法"、苏联的"发明技法"[63]。创新方法的运用，对于推动创新活动的开展，具有十分广阔的实用价值。创新方法的根本作用在于根据一定的科学规律来启发人们的创造性思维，开发人们的创造力，指导人们怎样去创造发明，为人们指出一条创新的捷径，人们可以沿着这条捷径，顺利地到达创新的目的地，从而少走或不走弯路。创新方法一般具有以下特点。

（1）操作性。像其他方法一样，创新方法必须具备可操作性，才能将创新理论转化为可以具体操作规程，从而搭建起创新理论与创新实践的桥梁。通过创新方法明确具体的、规范化的、易掌握的操作规程和运行程序，并通过创新工作者加以熟练运用和融会贯通，才能真正地成为提高人们创造力的捷径。

（2）技巧性。任何的技巧都不是凭空得来的，都是通过大量学习、反复练习而掌握的，创新方法也不例外。这里的技巧实际上是创新技能的熟练化，并通过长期实践，将一切不必要的环节省去，提炼出最具效率的环节。创新方法的技巧性决定了创新方法的掌握必须通过实践多用多练，才能达到预期效果。

（3）多样性。创新方法是多学科领域交叉的产物。这是因为很多创造发明都是来自跨学科的借鉴和启发。不同学科领域的学者，在不同的创新领域、不同的创新阶段、不同类型的创新问题中不断总结和完善各种创新方法，很多创新方法已经超出了它本身所起源的学科领域而成为"普适性"的方法。

2.2 开放式创新理论

在 20 世纪相当长的时间里，绝大部分企业都在遵循内部创新的理念，认为创新需要严格的控制。企业内部研发力量是唯一的创新源，是具有独特价值的资产。企业通过自行建立实验室等研发机构，利用企业内部的研发人员进行研发，研发成果交由企业生产、销售部门推向市场，保证产品的独特性，让其他模仿者难以模仿或者难以追赶，在市场上形成垄断，从而获取超额利润。这种模式被 Chesbrough 称为封闭式创新模式[64]。进入 21 世纪以来，由于现代通信技术的突破，网络技术的日臻成熟、人员流动的加快、市场需求的变化等因素，全球创新态势发生了很大变化，这些变化都对封闭性创新模式形成挑战，一种新的创新模式——"开放式创新模式"应运而生。

2.2.1 开放式创新出现的原因

封闭式创新模式曾经作为主流模式存在了较长时间，这是因为这种模式在某种程度上适应了创新演化过程阶段的内部规律与外部环境的要求。随着现代信息技术的发展，特别是网络技术的进步，以及专业化分工、模块化生产等新生产方式的出现，特别是市场需求结构的变化，现代组织的柔性越来越大，生产制造过程也实现了柔性化，封闭式的创新模式越来越不适应时代的需求。开放式创新出现的原因可归纳为如下五个方面。

（1）人力资源的流动性加强。随着企业组织结构的柔性化、相关法律法规的变化、人类生活观念的转变，人力资源在时间和空间的流动性越来越强。传统的企业边界已经不可能将员工固定，原有的管理模式也无法对创新资源进行有效的约束。进入 21 世纪以来，人员的流动越来越频繁，这也意味着嵌入在员工个体中的隐性知识会随着员工的流动而流动。封闭式创新也就难以保持自己的优势，自己的员工在向外流动，而外界的员工在向内流动，外部的信息和资源成为创新的诱惑，原来的框架被打破，开放式创新成为大势所趋[65]。

（2）风险资本市场的快速发展。封闭式创新存在的一个基础就是创新的风险性，只有大企业才能提供丰厚的创新资金支持。而现代社会风险资本市场的发展，如风险投资的出现打破了这种垄断状态。小企业甚至个人由于有了风险资金的支持，可能会获得成功，这打破了大企业的研发垄断状态，如近年来蓬勃发展的网络企业就说明了这一点。同时，在封闭式创新模式下企业付出大代价获得的创新成果在信息社会下外流的机会也大大增加，企业可能会在付出巨大代价后无法获得预期的收益。在这种情况下，与其固守封闭状态，不如主动向外界出击，寻求合作资源。

（3）闲置研究成果的利用。Chesbrough 认为，企业研究部门和开发部门之间目标不一致，由于研究工作的不可控制性与冗余性，并不是所有的研究成果都会被实现商业化，只有那些与组织战略目标相一致的成果被选择为进一步发展的对象，而很多缓冲地带的成果被闲置[64]。对每个组织来说，这些闲置的成果都存在外部选择的机会。开放式创新正是适应了这一现状，可以在合理的框架内实现资源的合理应用。

（4）专业化分工。由于专业化分工的持续加深，企业可以通过外包的方式实现企业创新成果与产业化的准确、快速对接，并且可以节省大量的成本。现代企业竞争能力的提高越来越依托重服务轻资产的战略，原来"大而全、小而全"的模式不适应现代社会的需要。

（5）现代信息通信技术的发展。产品的设计、生成过程需要进行协调，现代信息通信技术的发展，为企业和其他组织间的合作提供了技术支撑。在信息技术的支持下，产品的设计与生产、各部件的生产过程可以分布在世界不同的地方，完全打破了物理空间上的限制，在信息技术的支持下，开放式创新才最终成为现实。

2.2.2　开放式创新的内涵

当企业立志于通过技术创新来改善企业地位时，企业应当同时注重内部与外部所有的具有价值的资源，企业必须双管齐下，不仅要依靠内部资源去创造价值，更要充分重视外部资源特别是外部知识资源的作用。在现代社会，企业知识壁垒呈现崩塌状态，企业内部的知识很容易越过边界进入外部，同时外部知识也会进入企业内部。通过引入外部知识资源，实现企业价值的增值，获取超额收益是现代企业取得竞争优势的重要途径[66]。在开放式创新模式下，创新过程必然涉及多个组织和多个主体，形成了创新网络，组织的界线开始消失，通过合作和资源共享，可以共同提高创新能力，实现多方共赢。封闭式创新与开放式创新理念特征如 2.1 所示。

表 2.1　封闭式创新与开放式创新理念特征

封闭式创新	开放式创新
本领域专业人才在本组织工作	显然为本组织工作的不是全部精英，需要和内外部所有的英才进行合作
为了盈利，就必须自己进行基础研发，并进行商品化	研究工作需要引入外界的成果，外部成果和创意是巨大的财富
自己研究能够快速将产品推向市场	不必要全部依靠自己的力量，与外部力量的联合能巩固并更有效地促进创新
最先实现创新成果商业化的企业必将胜利	建立一个更好的商业模式比把创新引入市场更重要
如果内部产生更多更好的创意，就一定能取得竞争优势	如果能够充分利用内部与外部的创意，则一定会成功
需要严格控制自己的知识产权，做好保密工作，防止竞争对手获得本组织的成果	企业可以互相合作，共同获利

吴强[67]通过对文献进行整理后发现，开放式创新研究主要基于四个角度：①创新资源的整合；②开放式创新下的研发与管理模式；③开放式创新的环境支持；④开放式创新案例研究。

开放式创新需要对内外部的资源进行科学融合，这些资源包括具体的人、财、物、技术和信息，也包括各种与创新过程有关的管理与规范，陈劲和吴波[68]提出，开放式创新要紧密结合企业员工、用户、技术支持者、上游供应商等利益相关者，还特别强调了领先用户的作用，认为领先用户与富有创造力的其他主体是企业技术创新的重要源泉。很多文献也谈到了开放式创新中的知识治理问题，提出了一些知识治理的模型。

企业的研发模式与管理模式也成为主要研究领域。一些专家推荐采用付费外包的方式实现研发的外包，也有文献讨论组织间成立研发联盟的方案。王振红[69]通过对文献的梳理，把开放式创新的管理模式归纳为三大类，分别是基于信息源的管理模式[70]、基于资源获取交易机制的管理模式[71]和基于创新过程的管理模式[72]。Chesbrough[73]通过对 Xerox 公司的调查，最早指出这种创新模式会促进知识在组织间的快速扩散，从而有可能会导致某些组织在知识产权方面的损失。很多专家就如何防范知识产权方面的流失，从法律、技术、经济、机制等角度论述了开放式创新中的知识产权保护问题[74]，研究结论是知识产权问题可以通过模式出现来解决。

开放式创新离不开相关环境因素的支持，如 Rigby 提出了商业环境的概念，可以从创新的市场波动、资金来源、创新力度、创新通用性、创新需求五个核心指标来进行评价，评价结果可用来评估企业是否宜于开放式创新。还有学者则把制度环境、技术体系、区域经济模式、国际技术环境作为分析开放式创新的环境因素，指出区域经济环境和制度是首要支撑要素，其次才是技术系统等具体的支撑因素。除了政策、社会环境因素外，基于信息技术的技术支持手段也成为一个重要的研究领域[67]。

案例研究及绩效研究也是开放式创新的重要研究领域。国内外关于具体项目或具体企业的研究有很多，如宝洁公司的创新网络、苹果公司的突破性研发、创新与中国富士康的组合，以及杜邦的特许经营等。对 Google 等网络公司的评论更是层出不穷。国内的案例也有很多，相关研究包括中集集团、海正药业、阿里巴巴、小米手机等，可通过搜索获得相关文献。案例与实证研究中还有很多文献集中在对开放式创新有效性及创新绩效的研究，如影响开放式创新绩效的因素的实证研究等[75-76]。

2.3　用户参与创新理论

进入 21 世纪以来，创新的民主化特征越来越明显，用户对创新的作用逐渐引起学者的关注。用户参与创新理论最先起源于领先用户理论，后随着信息通信技术的发展而逐步得到扩展，参与的用户群体从领先用户逐步扩展到普通用户，用户参与的深度也持续加大。陈钰芬和陈劲是国内较早关注用户创新的学者，但其研究的内容实际并未跨越领先用户理论，本节部分内容参考了其文献[77]。

Von Hipple 教授早在 20 世纪 70 年代就提出用户创新（user innovation）的概念，指出用户是创新者[78]，用户可对自己使用的产品进行创新，包括根据自己的使用目的提出新的创意，提供实时创新的设备和工具，以及对制造商的生产工艺进行改进。在这之后，很多人开始关注用户在创新中的作用问题，很多学者做的实际调查结论支撑了 Von Hipple 的论断。

2.3.1　用户参与创新的动机

用户为什么热衷于参与创新？Von Hippel 最早从经济学的角度给出了合理的解释。创新租金是创新的重要动机，根据熊彼特的创新理论，创新成功的最终表现为产品的商业化，所以成功的创新者可以依托知识产权保护机制或技术优势实现一定阶段的垄断，这可以为创新者带来超额利益，也就是从创新中获得创新租金。对用户来说，当用户预计自己创新的收益大于付出的成本时，他就有创新的动机。特别是在创新的早期阶段，由于技术的不成熟或技术的复杂性，市场存在高度的未确知风险，制造商基于投入风险缺乏足够的动机去进行创新。而用户在该项创新中存在确定的收益预期，在不将产品推向市场的情况下有足够的创新租金，所以用户面临着更小的风险，用户也就有足够的创新动机。

另一个对用户参与创新动机的解释是黏性信息（sticky information），也称为"黏滞信息"，是指流动和转移有难度的信息或知识，与之相对的概念是"漏易知识"（leaky knowledge）。黏滞知识的概念也是由 Von Hippel 最早提出的，知识的转移是有成本的，信息黏性就是信息从某个地方流动到另一个地方而对信息需求者产生的增量成本。这个过程中成本直接影响知识转移的效率。在理论上，知识黏性一直与知识的转移共享密切相关，Von Hippel 通过案例研究，对信息的黏滞性进行了验证，他通过信息黏滞理论，结合经济租金理论，对用户参与创新的动机和必要性进行了合理的诠释。因为用户知识具有显著的黏性，所以用户知识的转移存在很大困难，只有通过与用户进行密切的互动方可获取，对于不能获取的用户知识，只有用户参与创新方可实现其知识的价值。

2.3.2 领先用户理论

一些学者认为，普通用户对产品的预测存在缺陷，对普通用户的调查影响对市场需求的准确判断。这样，Von Hippel 将用户中的一部分分离出来，称之为"领先用户"。对于领先用户的定义，给出了两个标准：一是领先用户的先知先觉性，即对需求的敏感性，对于市场上的需求变化，领先用户提前几个月或几年就知道了；二是领先用户的自觉性，因为领先用户很早就发现创新的必要性和给自己带来的好处，所以他们会主动参与创新，提前就开发新产品或新服务。

领先用户方法改变了传统的创新流程[79]，也为创新提供了一个强有力的方法和工具。领先用户在创新中的作用包括多个方面，首先是领先用户对需求知识的贡献，对领先用户的需求访谈和数据分析对于产品的准确开发和快速开发提供了支持；其次是领先用户的创新贡献，领先用户基于满足自身需求的动机，能够为制造商提供非常有价值的产品设计创意，特别是一些具有价值的概念信息。很多案例都证明，领先用户参与能够实现突破性创新[80]，通过领先用户的协助，创新的成本和效率都得到了很大改善。领先用户方法的提出具有划时代的意义，用户参与创新理论得以建立，具有很大的理论意义和实践意义。后续很多学者进行了进一步的研究，特别是一些实证研究正在有序展开，取得了很多研究成果。

领先用户理论虽然得到广泛关注并在实践中得以应用，但领先用户的识别存在较大困难，到目前为止，如何识别领先用户并没有形成共识，Von Hippel 虽然提出了领先用户的两大标准，但显然不具备实践意义上可操作性，仍然缺乏一个统一的标准。Lettl 曾经就领先用户的识别和选择问题进行过深入的研究，他认为领先用户具有如下特点：①用户有渊博的知识，在某个专业领域有比较成熟的专业知识；②参与创新过程中能够正确处理开发结果的不确定性；③具备知识获得能力，能通过技术网络获取必要的技术知识；④有充足的时间和其他资源参加创新活动。这些描述给出了领先用户的一些具体特征，但仍然还不够深入。

除了领先用户的识别选择问题外，通过对文献的整理可以发现，领先用户参与创新仍然在用传统的方法，如问卷调查和创新收集等，领先用户参与创新的方式和方法缺乏深入的研究，文献较少。

2.3.3　用户参与程度

领先用户理论虽然在很大程度上对创新过程有启迪作用，在实践中也取得了很多成果，但这种理论的缺陷也是显而易见的。首先是领先用户的先知先觉性具有强烈的主观主义色彩，缺乏扎实的理论支撑和实践数据支持；其次是领先用户难以准确识别和挑选，这就制约了理论的有效应用；再次是对领先用户参与创新的方式和方法缺乏足够的研究；最后是对普通用户参与创新作用的否定是其最大不足，实际上，市场更多的是由普通用户组成的，领先用户理论要想真正发挥作用，就必须能够最大限度地代表普通用户的属性，成为最佳样本，领先用户的应用，本身在统计学上就会带来样本质量风险。Von Hippel 在 2005 年时就曾经预测，随着知识经济时代的到来和科技的进步，将会出现更为普遍的用户创新现象，而后来的实际情况也印证了此预测的准确性[81]。随着现代信息通信技术的发展，信息沟通、记录的手段逐渐进入日常生活，一种立足于让全体用户都能够成为创新参与者的创新模式应运而生，这就是 Living Lab。Living Lab 不仅把参与创新的用户从领先用户扩展到普通用户，而且提供了具体的参与方式、工具和方法，参与的程度也存在很大的弹性。为搞清用户参与创新的作用机理，研究用户参与创新的程度与创新绩效的关系具有重大意义。

在创新过程中，用户参与的程度可能会有很大差异，在有些案例中，可能只是从用户那里获取一些需求信息，有些则需要用户深入参与系统的改造。Braki 和 Hartwick[82]提出了用户参加（user participation）与用户参与的概念，用户参加指在创新的流程中有用户因素的存在；而用户参与则是一个主动概念，用户要影响创新的内容和过程。Olsson[83]也对把用户作为实验对象现象提出了批评，指出在创新过程中用户应当与其他主体有着平等的地位。Ståhlbröst 基于 Ives 和 Olson[84]的观点，将用户参与的程度划分为六个等级。

（1）无用户参与。在这种情况下，用户不愿意参与创新，或者没有邀请用户参与创新过程。

（2）象征性的参与。在某些创新项目中，邀请了用户参与，但对用户不重视，用户意见未予采纳。

（3）需求调查型参与。用户参加的目的是向用户进行需求调研，用户的角色类似信息提供者。

（4）弱控制程度的用户参与。用户可以较为自由地参与每一阶段的创新行为，用户具有较大的自我支配权。

（5）用户"工作式"参与。用户成为设计团队的一员，或者与开发团队具有正式的官方联系，遵守开发纪律。

（6）强控制程度的用户参与。用户必须完全按照规则参与创新过程，对用户团队进行单独的绩效评价（努力程度），当然此评价与最终创新产出并不挂钩。

用户参与程度不同、参与创新阶段不同，对创新的结果也会有不同的影响。对用户参与程度的衡量还可以用其他方式进行，如有些学者提出用户作为"合伙人"的设想等。还有一种比较合理的用户参与程度评价是用对三个单词"for、with、by"来衡量的，也可以描述为"为用户设计、用户参与设计、用户（主导）设计"。"design for"是为用户做的设计，但设计中要进行用户访谈，尽量满足用户的需求；"design with"是用户参与设计，用户可以在设计中提供建议，从而影响设计的结果；"design by"是用户亲自进行设计，用户与其他设计者共同工作，有平等的地位，甚至在设计过程中起到主导的地位。

2.4　知识的概念与本质

基于知识论与知识管理的角度对 Living Lab 创新模式的创新科学原理进行阐释，有必要对知识的概念与本质有比较清楚的掌握，基于知识论逐步推导其中的创新科学原理。

2.4.1　什么是知识

人类对知识的追求推动了历史的发展，为了研究知识创造，我们就必须搞清楚什么是知识。知识一词最早是哲学领域的描述，从希腊哲学家柏拉图开始，很多流派的哲学家对知识提出了很多种不同的定义，这些概念的论点各异，有些哲学家认为知识是一种客观的存在，而另一些科学家则认为知识是人类的主观意识。例如，柏拉图认为知识是被验证过的真实的信念，而培根认为知识是经验的成果。我国的哲学家也对何谓知识、知识与行为的关系进行了深入的思考，如思想家朱熹的"知之愈明，则行之愈笃；行之愈笃，则知之益明"，王夫之的"知行相资以为用""知行并进而有功"，王守仁的"知是行的主意，行是知的功夫，知是行之始，行是知之成"等观点都体现了中国古代学者关于知、行关系的哲学思考。根据《辞海》中的阐述，知识是人们在认识世界、改造世界的过程中获得的认知和积累的经验的总和。

截止到现在，人们对知识是什么并没有一个统一的权威的描述，可见知识是一个非常广泛、复杂、抽象的概念，很难进行清晰的描述。对知识的定义五花八门，分布在哲学、科学学、信息学、经济学、管理学及神学等诸多领域，并且随着时代的进步，人们根据自己的领域与研究需要从不同的角度进行描述，对于知识的定义和理解也在发生着不同的变化。

哲学领域对于知识的描述一般将知识与认识、经验、意识、观念等联系起来。不同的哲学家对于知识的认识有不同的观点，如"知识就是认识"的观点暗含着知识和认识是同一的观点；"知识就是经验的结果"的观点将经验的综合视为知识；"知识是对意识的反映"认为知识是经过检验后，在人的意识中形成的相对正确的反映；"知识是观念的总和"认为知识是人对自然、社会、思维现象与本质的认识的观念的综合。

从经济学的角度来看，知识本身可以看成是一种资源，在知识社会，并行着知识商品化与商品知识化两种演化过程。一方面，在市场经济条件下，知识本身具备商品的特性，知识产权日益得到世界各国的重视，企业拥有了独特的知识，就在竞争中具有了难以替代的优势；另一方面，商品中凝结的知识越来越密集，包括更高更新的技术，也包括凝结着用户需求特征的各种要素，成功的商品必然是高知识密度的商品。知识在经济学领域，被视为一种核心的、独特的、重要的资源、资本或者无形资产。

一些学者从管理学的角度对知识进行了定义[85]，如有人认为知识与行动相关联，是"知"与"行"的统一；斯图尔特（Stewart）认为知识是那些能够创造价值的信息、智力资产和经验；Sveiby 认为知识是从组织隐性资产中创造价值的艺术。在管理学视角下，知识被视为组织能力、组织核心价值的来源、组织过程的产物，探讨组织中知识的分类及其对知识管理活动的影响，强调知识主体在应用已有知识的同时，不仅创造了个人知识，还创造了集体知识，是所处环境的积极创造者。

创新属于管理学范畴，所以本书将知识看成一种能力，一种能够提高系统效率的独特资源，这种资源能够为组织带来潜在的收益。知识具体化后表现为凝结在实物当中的技能和专业知识，诀窍与经验，以及多种多样的数据信息、惯例、程序、规章制度及各种规范等。

无论从哪个角度对知识进行定义，知识还是具有一些共同的属性。首先，知识只有应用才有价值；其次，知识具有非负增长性，知识的转移和共享并不会减少原来知识源的知识量；再次，知识具有动态性，在不同的阶段具有不同的形态；最后，知识又是认知者认知实践的结果，是对其自身、认知环境和互动的认知实践的意义的部分表达，具有可诠释、可传递的性质，学者们也更加认识到知识依赖于情境而存在，具有过程性。

2.4.2 知识的分类

在知识社会，知识呈现爆炸式的增长，逐渐出现庞大的知识数量与人类有限的认知能力之间的矛盾。为了有效地找到知识、应用知识，就有必要对知识进行分类编码。同时，对知识分类也有利于对知识进行更加深入的研究，没有知识分类也就没有知识管理。

目前最常见及最有影响力的分类是波兰尼（Planyi）根据知识的可描述性对知识进行的二分法，也就是把知识分为显性知识和隐性知识。显性知识具有比较高的可描述性，可以通过语言、声音、图形等方式很好地进行记录和表征，如说明书、手册、规范、操作流程等，这种知识能够比较容易地进行处理、传递与存储。而隐性知识是指难以描述、不易编码的知识，这种知识深藏于人的实践之中，"只可意会不可言传"，表现为难以描述的信念、技巧和经验，具有默会性、个体性、情境性、文化性和偶然性[86]。波兰尼认为，在人类的知识总量中隐性知识占据绝大部分，就如一座冰山，浮在水面上的显性知识只占很小的比例。"人们知道的比他们能说出来的要多得多。"隐性知识与显性知识的关系如表 2.2 所示。

表 2.2　隐性知识与显性知识

知识类型	隐性知识	显性知识
定义	难以用语言、文字、数字、图示等方式来编码和表达，也难以模仿，像我们在做某事的行动中所拥有的知识	可以用语言、文字、数字等方式编码和表达、传递，可以通过各种媒介而被分享的知识
例子	经验、技能、心智模式、观念、信心	专利、操作手册、公式、规范、流程、图纸、规章制度
特征	难以传递与模仿，可观察，需要通过长期模仿与练习获得	便于转移与分享，可表达
所有关系	隐性知识的持有者、个体，难以得到法律保护	可以得到法律保护，可转让和买卖

联合国经济合作与发展组织把通用知识分为四类，分别是 know-what、know-why、know-how 和 know-who，可以分别翻译为事实知识、原理知识、技能知识和人力知识，在这四类中，技能知识无疑是最重要的。知识还可根据其应用领域和阶段进行划分，如可分为员工知识、流程知识、组织记忆、客户知识、产品和服务知识、关系知识，以及外部情况。对于一个企业来说，可以从职能角度、业务流程角度、客户角度、行业角度、人力资源角度进行划分，也可以根据企业

边界分为内部知识与外部知识。

知识的分类有多重角度和方法,在实际研究中,应当根据研究目的、研究内容和研究方法对知识进行合理划分。当然,上述划分方法不是绝对的,多重划分方法会有重合部分。

2.4.3　知识的结构分解

知识创造是 Living Lab 创新过程中的核心部分,知识是一个非常广泛的概念,为了能够更好地研究知识创造的内部机理,分析知识的分类方法还不够,由于 Living Lab 中涉及多个流程、多个层次、多个主体,有必要对知识的层次结构进行深入的分析。

知识是目前社会上出现频率非常高的一个词汇,但人们所说的知识并不是一类事物。特别是在互联网时代,由于数据分析技术、信息管理技术的飞速发展,数据、信息无处不在,很多专家将知识与数据、信息混为一谈,对知识管理带来了概念上的混乱,本书试图对知识与数据、信息的关系进行探讨。

正如前文所说,知识的概念目前并不统一,本书认为,从广义上来说,任何可以应用并产生效益的意识都可以称之为知识,在这种情况下,数据、信息都可以并入知识的范畴。但为了对知识创造过程进行更加细致的研究,需要对知识进行逐层分解,建立一个更加清晰的概念体系,在当前社会态势下,主要应当对知识和数据、信息进行区分。很多学者和专家在这方面进行了深入的研究,达成了共识。

最早对数据、信息和知识的概念进行辨析的是 Ackoff[87]教授,他认为数据、信息、知识和智慧是人力智力发展的不同阶段,人类的智力可以分为"数据—信息—知识—智慧"四个等级,也就是 DIKW 等级模型。智慧是意识的最高层次,在从数据到智慧的进化中,理解非常重要。Allee[81]提出了"数据—信息—知识—智慧"的进化模型,按照 Allee 的观点,数据是分散的,没有稳定的意义,就像飘在海面上的皮球,数据间经过有机结合,形成数据团,并且有了一定的意义,这就形成了信息。而信息在应用时,需要进行选择和比较,信息的交合形成了具有某种倾向性的信息集合,具备了明显的新属性,就形成了知识。而知识经过进一步的进化,特别是纳入文化层面的孕育,与个体或群体的意识深入融合,就形成了智慧,智慧在某种程度上来说,就是价值观与世界观的某种表现。我国学者朱祖平[88]也提出了相似的观点,认为信息是由数据组成的,数据经过处理、建立相应关系并给予明确意义后才形成信息。在进行决策和判断时,信息只是参考资料,需要对信息进行综合处理、推理、验证后才能判断,可见决策过程应用的是知识,而不是信息,知识是信息系统化后呈现出来的规律概念和经验。智慧是知识的外在表现，是应用知识的能力、经验和技巧。

有学者认为，信息是一串比特流，而知识是知识拥有者的承诺及信念，是信息经过有序组织的结果，并对知识与信息进行了区分，认为知识与人的信念相关，决定着人的行为；而信息则对人的行为无直接作用。具体来说，知识与信息主要有如下区别：一是知识的目的性，它与信念、承诺有密切关联，表现为某种特定的立场和意图，而信息则无此目的性；二是知识与行动密切相关；三是知识具有更强的情境性。

数据、信息和知识的关系可以用生物学中框架来解释，数据好比细胞，其本身具有一定的属性，但没有倾向性的意义。而信息则是多个细胞的有机组合，表现为组织，开始具备一定的倾向性，为功能打下基础，如肌肉组织、表皮组织等。多个组织形成器官，这就是知识，知识具有明确的功能。而器官的组合则形成一定的系统，能够表现为闭环循环，这与智慧的某些特征是相通的，具有外在性。四者之间的关系如图 2.1 所示。

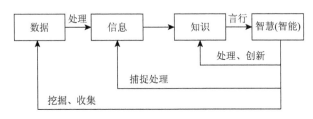

图 2.1 数据、信息、知识、智慧关系[88]

2.5 知识转移理论

Living Lab 发挥创新催化作用的首要前提是用户的知识向科研人员、设计人员的转移，然后是知识在科研人员、设计人员、开发人员之间的转移，也包括用户、科研人员、企业、政府等组织间的知识转移，这个过程也包括知识获取的过程。在本书的研究中，将知识获取纳入知识转移的范畴中。

2.5.1 知识转移的概念

知识转移概念是从技术转移演变而来的，美国学者 Teece 观察到国际间的技术贸易与技术转移，会给企业带来大量来自另一个国家的独特知识，而这种知识可以在多国应用[89]。早期的学者把知识转移与知识共享的概念进行等同，而后来对知识转移主体的特性及知识转移的过程与情境影响因素的研究则成为很多专家关注的领域。有学者认为，知识转移是知识从提供者流向接受者，接受者将知识内化吸收，并通过应用新知识，实现知识的增殖。谭大鹏等对知识转移的概念进行了深入比较分析后，认为通过有控制的知识共享，促进共同进步是知识转移的根本目的[90]。知识转移与知识创造互为因果，知识的转移是知识应用的前提，在开放式创新的背景下，研究知识转移的机理大有意义。

2.5.2　知识转移的机制

张莉等对知识转移的相关研究成果进行了总结，认为知识转移的影响因素包括转移主体间关系、组织特征、知识特征、过程特征等，渠道则包含实物、人员与外部等，知识的转移过程特性也对知识转移效果有明显的作用[91]。马骏等[92]基于知识情境理论分析了知识转移的成本问题，认为知识的隐含性、物理距离、知识距离、职位距离及信任是影响知识转移成本的主要因素。周晓东和项保华总结了企业知识转移的理论模式，分析了影响企业内部知识转移的因素，并针对各因素提出了企业内部知识转移的机制[93]。卢俊义等研究了顾客参与服务创新与顾客知识转移的关系，认为顾客参与服务创新过程既是满足顾客需求的需要，也是服务创新过程本身的需要，其中一个重要的原因就在于顾客参与有利于促进顾客知识转移[94]。马庆国等提出了企业知识与个人知识的区分，重点研究了个人知识特性，从知识主体特性、知识载体、知识兼容性等研究了知识转移的规律，并给出了相应的对策[95]。左美云等[96]通过对知识转移文献的归纳，对知识转移机制进行了规范化，建立了一个规范的知识转移模型。该模型将知识转移机制分为三个方面，包括知识转移的过程机制、知识转移的方式机制和知识转移的治理机制。马费成和王晓光[97]应用网络理论对知识转移进行了研究，构建了信息与社会两类网络模型，并重点对不同社会网络下的知识转移过程进行了深入分析，分析了其中知识转移的影响因素与实践特征。

2.5.3　组织结构特征与知识转移

Living Lab 是知识经济和创新 2.0 时代的一种开放性创新模式和协作创新模式，用户、科研人员、政府、利益相关者是其开放式网络的协作主体，各主体间的连接方式和特征对知识转移有重要影响，所以研究 Living Lab 的组织结构和网络特征对解释其创新机理有着重要意义。张光磊等考察了企业组织结构、知识转移、技术创新之间的关系，认为组织结构越柔性，员工转移知识的意愿就越强[98]。在开放式创新模式下，企业要想获得更大的竞争优势，就必须通过构建和利用各种知识转移与共享网络，吸收组织外部的知识资源，并在此基础上形成自己独特的知识。近年来，以动态分工合作和知识共享为特征的网络组织成为组织内和组织间知识转移的重要渠道，很多研究者关注知识转移过程与网络组织的结构特征和行为模式之间的关系[99-101]。唐方成和席酉民利用虚拟实验，探讨了知识转移与网络组织的动力学行为模式之间的相互依赖关系[102]。在组织内部，决策人员、设计人员和用户之间的组织关系越来越引起人们的关注，很多经验研究结果表明，合作网络的结构特征对团队知识创造绩效产生不同的影响，如网络各类主体数量与知识创造绩效呈现明显的正相关关系，主体间合作密度与强度也对知识转移有明显的促进作用。

2.6　知识创造理论

知识创造是创新的前提，新产品、新技术、新市场的出现必然要求新知识的出现或者对已有知识的重新组合应用，Living Lab 中的知识创造是其作为创新方法或创新模式的本质特征。

2.6.1　基于 SECI 模型的知识创造理论

目前比较权威并广为流传的经典知识创造理论仍然是日本著名知识管理方面的专家 Nonaka 教授等提出的 SECI 模型，此模型的首次阐述是在他 1995 年的著作《创造知识的企业：日美企业持续创新的动力》中。Nonaka 认为，人类的知识是通过在不同层次上隐性知识与显性知识间的转化过程中被创造和扩展来的。他从认识论与本体论两个维度上对知识的转化过程进行了描述，从认识论维度，遵循波兰尼的知识二分法，也就是把知识分为隐性知识与显性知识两种状态；在本体论维度上，将知识分为个人、团队、组织等不同层面的知识。知识在这两个维度上进行相应的转化，从而构成知识创造螺旋[100]。在知识的认识论维度上，包括四种转化模式：首先是隐性知识到隐性知识的转化，表现为员工间通过师傅带徒弟及共享体验等方式实现诸如经验、技能、观念、心智模式之类的隐性知识，称之为社会化（socialization）；其次是隐性知识到显性知识的转化，通过比喻、类比、概念、假设或模型等形式将隐性知识明示化，是知识创造过程的关键步骤，称之为表出化（externalization）；再次是从显性知识到显性知识的转化过程，如企业通过正规培训与教育的方式，将知识在企业中进行推广，这个步骤称之为联结化（combination）；最后是从显性知识到隐性知识的转化，称之为内隐化（internali zation），即显性知识体现到隐性知识之上的过程，与"干中学"有密切关系。同时，Nonaka 还探讨了知识在本体论上的转化过程，知识在认识论与本体论维度上的转化过程是同时进行的，可以视为嵌套循环。

为了更好地解释知识创造的过程，Nonaka 又提出了"场"（日语为 ba）的概念，"场"可以理解为组织成员间进行知识交流与知识转化的环境与场所，他认为，知识在不同的转化阶段需要配备不同的"场"。

SECI 作为一个经典模型对知识创造过程做出了较好的解释,但不可否认该理论在实际应用层面依然具有一定的缺陷。饶勇[103]指出,Nonaka 通过当时企业内部知识转换流程的观察,归纳了一个以隐性知识为起点的知识转换循环,但由于时代的限制,忽视了游离于企业边界之外的知识,随着时代的发展,越来越多的人认识到企业外部知识对于知识创造的重要作用。进而可以大胆推论出,SECI循环可能只是知识转化流程的某个局部,其外应该有更为全面的循环过程。耿新和彭留英[104]也提出了相似的观点,认为在知识创造的过程中,外部知识的引入是必不可少的,新知识不可能全部在企业所有的旧知识基础上创造出来。实际上,在越来越汹涌的开放式创新面前,Nonaka 在后来也逐步意识到了这个局限,提出"场"的概念,认为知识的转移与创造过程是在不同的"场"中进行的,他将"场"作为内外部知识的桥梁,说明其对外部知识的作用还是认可的,并试图对理论进行完善[103]。有学者通过研究也认为 SECI 模型把知识的创造过程分解为四个阶段有一定的主观性,特别是此过程假设知识会自动连续地学习不符合实际情况,只分析了知识形态的持续演化而没有给出知识的内在吸收机制,而知识在形态的持续变化中也不会是一个平稳的过程,会伴随着隐性知识的"突变"——也就是个体会通过"顿悟"的途径掌握新知识。

很多人对 SECI 模型进行了改进,在开放性日趋明显的今天,外部知识的引入逐步引起人们的重视,很多专家研究了外部知识进入知识创造系统的方式和途径。由此,在引入外部知识输入这一因素后,企业知识的转化与创新周期得以补充,更加完整。Mikael[105]研究了战略联盟型知识创造过程,认为知识创造涉及两个知识库,存在八个知识转换过程。李柏洲等[106]针对传统 SECI 模型中的知识流平稳性假设进行了改进,用"量子跃迁"来对知识非连续性增长进行隐喻,提出"组织学习—知识创造"的能级跃迁模型,并对其机理进行了分析,指出跃迁的过程包括知识积累—知识跃迁—知识衰减三个阶段,认为 SECI 过程是连续式与间断式知识流的耦合,并建立了跨层面组织学习的动态模型。焦玉英和袁静[107]提出Wiki 知识场的概念,指出 Wiki 是典型的 Web2.0 形式,知识个体可通过 Wiki 这个"场"进行知识的自组织、聚合、协作、启发、更改,实现知识的创造。

2.6.2　知识基因理论

1. 知识基因理论的源起

知识基因理论是从生物学家 Richard Dawkins 最早提出的"思想模因"(idea meme)概念演变而来的,"就像在生物体内繁殖的基因一样,通过生物生殖系统,用精子和卵子作为载体,从某个生物个体向另一个生物个体转移、传播,思想库中的模因,也会像基因的传播一样,从一个头脑转移到另一头脑"[108-109]。Dawkins

接受了达尔文主义的"物竞天择，适者生存"的思想，模因的生存也要受到这个规则的影响，一个模因要生存下去，就必须比其他的模因具备更强的适应能力或竞争能力，生命力更强。模因具有生存的持续性、可复制性和进化性，会呈现连续的、渐进的变化状态，模因之间会产生许多混合。从模因的定义来看，其基本性质和现在的基因有比较广泛的一致性。模因论一经出现，就在社会文化领域得到了较广泛的应用，影响了很多领域的理念发展，包括信息观、思维观、进化观等。

"思想模因"理论在发展过程中，逐渐与生物学中的基因理论靠拢，并与知识进化理论相结合，演化为知识基因理论。一些学者在这个历程中做出了自己的贡献，如印度学者 Sen 最先用"情报基因"（information gene）替换了"思想模因"的概念，这是第一次在知识研究领域出现"基因"的提法，他认为 Dawkins 的理论与 Popper 的知识增长理论有着密切的内在联系。生物通过基因来实现遗传、性状复制、变异和进化，情报也有类似规律，情报基因通过试验来检验真伪，通过"自然选择"的方式去伪存真，从而使情报或知识实现稳定增长。Sen 建议对思想基因进行深入研究，试图建立情报基因图谱来构建新的分类体系，如试图定义"思想基因串"，并根据其建立情报特征索引，强调利用数量学与计量学的工具对情报基因进行研究，这些研究方法与生物学的基因研究有着非常趋同的态势。

对"知识基因"的明确提出是我国学者的贡献，李伯文早在 1985 年其论文《论科学的"遗传"和"变异"》中就提出了知识基因的概念，他认为任何一门科学都有其内部结构，其最基本的结构，就是构成理论体系的最基本的"理论单位"——一个个既彼此独立又互相联系的"知识细胞"。"知识细胞"是由若干"知识基因"联结而成的若干条"知识 DNA"结合而成的[110]。刘植惠在 20 世纪 90 年代和 21 世纪初以"知识基因"为主题发表了一系列论文与讲义，力图构建一套知识基因的理论体系，为知识基因理论打下了坚实的基础。

2. 知识基因理论的主要内容

刘植惠认为，知识基因理论主要应该包含四个方面的内容[111]。

首先是知识基因的含义、结构、形态、特征及属性。按照刘植惠的观点，知识基因是知识传承与发展进化的最小功能单元，与生物基因类似，知识基因在传承过程中会保持相当比例的原有结构，这就是知识基因的稳定性，同时知识基因还存在明显的遗传和变异性，通过这些特性，知识发展的走向在长期内具有可预测性，但在微观与短期内具有很大的随机性，知识基因特性不仅取决于其内部结构，还与外界的影响息息相关。刘植惠指出，虽然知识基因在功能上讲是最小单元，但从结构上来看还可以继续细分，可以再分解为更小的结构或组成部分。

其次是知识基因的遗传与变异的方式、途径、机制。知识 DNA 是知识繁衍、进化的最终决定执行物质,知识基因是知识 DNA 上的特征片段,在此基础上形成知识蛋白质与知识细胞,就是知识体系。刘植惠认为,知识基因理论必须搞清楚知识 DNA 是如何起作用的,知识基因有哪些?在知识的进化中,新发现的知识或者新创造的知识是对原有知识的扬弃,是什么样的基因使得知识发生了这样的变化?各种知识基因相互作用的形式是什么?通过哪些途径及在什么样的条件下可以促使知识发生这样的变异?知识进化对人类和社会的发展有哪些影响?反过来,环境因素与知识基因是什么样的关系?这些都是知识基因理论应当认真研究的问题。

再次是从知识基因遗传与变异的角度探索科学大厦的内部结构及其发展规律。现代的科学大厦是由各种各样的学科组成的,学科之间并不是相互割裂的,而是存在着紧密的联系,与生物种群相类似,学科之间存在着或近或远的亲缘关系,它们之间相互影响、相互制约,存在着不同的层次和连接关系。知识是科学的细胞,从知识的区位来看从低到高可以将科学分为四个层次,分别是自然知识领域、社会知识领域、人造自然知识领域和思维知识领域,刘植惠将这四个领域的知识作为母本基因,将物质、运动、能量、信息、空间、时间、关系、方法、范式等具有在知识领域间生存、移动和变异的内容作为父本基因,制作为一个二维的知识繁衍表。

最后是知识的自然选择及其遗传与变异规律。知识在认知个体的脑海中生成,通过知识共享、知识转移等形式形成组织知识,这些知识通过外化、应用的形式进入到社会系统,接受社会系统的检验,通过检验的知识得以生存,用于解释与改造自然界,知识基因在这期间会得到遗传和变异,形成知识变异体,知识变异体又会接受实践的检验,最后胜出的知识变异体形成新的知识基因。在这个过程中,还有很多环节没有被明确揭示,如哪些因素是支配与主导因素、选择的标准是如何确定的,知识的遗传与变异原理成为知识基因理论研究的中心内容。

这四个方面的内容不是相互孤立的,而是紧密联系、相互促进的关系,这些内容足以构成一个知识基因理论的较完整体系。理解了其中的规律,对知识的创造、人类的创新活动会有很大的指导意义。

刘植惠在其后对知识基因理论进行了一系列的探索,总体来说,这些研究工作是试图建立一个知识基因的研究框架和体系,对知识创造的微观过程未有深入的涉及,未能给出知识创造的中观与微观机理。其后,对于知识基因的研究没有形成持续发展,研究的人也比较少,一个完整的成熟研究模型并没有形成。

2.6.3　知识发酵理论

知识发酵理论是天津大学的和金生教授等[112]首先提出来的,他们通过研究知识的特性,提出知识不能脱离人或组织单独存在,企业中的知识存在生息特征。

将知识增长过程与生物发酵进行对比后，和金生发现两者在很多地方存在相同之处，据此提出知识发酵模型。

和金生总结了知识的获取、创造、传播等活动存在的七个特征，分别为：①先有创意。任何知识创造行为都会起源于一个创意或者动仪，围绕这样的创意，知识创造的多个主体开始一系列的思维、探索、共享、创造等行为。②需要一定的知识基础。知识创造者原有的知识基础很重要，只有外部知识与内部知识的深入结合，才可能有一定效果的知识创造，知识传播也是基于这个基础。③知识创造过程中伴随着人类积极的思维活动。知识是人脑对外界事物的反映，是深层次的感知和理解，外部的刺激必须经过人脑的思维处理，与原有的知识融合，才能产生新的知识，知识的创造离不开自身学习或创新的意愿。④知识创造必须在具体的环境中依赖一定的规则进行。无论何种知识，都必须在某种环境下按照一定的规律反应，环境因素对知识创造的过程和结果有着决定性的影响。⑤知识创造要依靠一定的设施和工具。⑥知识创造过程需要组织、领导和协调。⑦知识创造的最终结果是知识的增长，新知识产生、存储，由于知识的不灭失性，知识会以指数形式增长。

通过分析知识创造的这些特性可以发现，这些过程及要求与微生物领域的发酵过程具有很多重合之处。例如，生物的发酵需要一个启发过程，这就需要相应的菌株，发酵要有自己的物质基础，也就是能够发酵的营养物质，如酿酒用的大麦、高粱等；在发酵过程中，细菌与这些营养物质共同作用，让营养物质产生各种生化反应，这些反应过程必须在一定的容器中进行，需要相应的温度、湿度等条件；在反应过程中，必须做好各方面的控制与维持工作，这需要各种专门的工具和仪器，让整个反应过程得以平稳持续进行，最后得到新的物质。通过知识发酵模型，将生物发酵的理论移植用于知识管理领域，用来解释知识创造的过程和规律，揭示影响知识创造的内部因素与外部因素。在后来的深入研究中，又增加了知识酶和知识发酵吧的概念，知识发酵模型如图2.2所示。

知识发酵过程需要几个关键因素：第一，要有知识母体，这是用来发酵的物质，提供发酵过程中必要的信息与知识；第二，要有知识菌株，提供知识重构和扩散的初始知识，作为知识创造的一个起点；第三，知识发酵的环境是一个至关重要的因素，这里借鉴 Nonaka 关于知识转化"吧"的概念，提出"知识发酵吧"，主要是指知识发酵需要依赖的各种环境因素和条件；第四，模型还提出了"知识酶"的概念，知识酶是将游离的信息聚合起来并促使知识反应加快进行的因素，是知识创造的一个重要的物质基础，这种物质不参与具体的反应，却与知识基因结构高度吻合，是知识创造的重要加速器；第五，知识发酵还离不开知识中介与工具，这些工具用来收集信息、获取知识、共享知识。可见，知识发酵模型进一步诠释了知识创造中的群合性和酶合性，开放与合作是创新的时代要求，人类社会物质文化生产系统的巨大进步是越来越广泛、越来越深入的多方合作创新的结果，知识也必然是多类知识交合的结果，跨学科知识的交流、共享与融合是新时代知识创造的前提。现代社会是个知识爆炸的时代，知识量越大，不同知识的结合的形式就越多，结合的机会就越大，知识社会潜藏着无尽的知识创造机会。在知识酶的作用下，不同空间、不同种类的知识会产生有机连接。知识发酵模型给出了知识创造的内部机理，是一个行之有效的知识创造分析的框架。

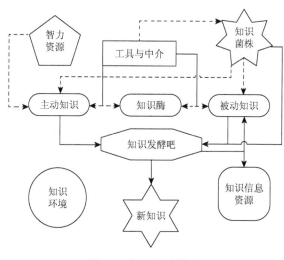

图 2.2　知识发酵模型

2.6.4　其他知识创造理论

除经典 SECI 模型及类生物模型外，很多学者也从其他角度对知识创造进行了研究，包括复杂理论视角、经济学视角、组织学习视角等[113]。

Thorsell[114]从知识和学习的角度对创新进行了诠释。他认为创新的实质是隐性知识向显性知识的转化，也是知识"积累—创新—积累"这样一个知识创造的过程，他特别强调，在这个过程中，信息通信技术发挥了重要作用。Leonard-Barton[115]提出了知识创造与扩散活动模型，认为知识是通过协同四项活动——解决问题、实施和集成、实验、导入知识创造出来的。Cook 和 Brown[116]提出了桥接认识论模型，认为知识是认知的工具，而认知才是我们与这个物质社会接触的主要方面，新的知识、新的认知方法产生于知识与认知的互相作用过程中。Fong[117]进一步发展了知识创造思想，关注跨学科团队的知识创造，提出了知识创造的三种模式——知识共享、知识集成、集体项目的学习，这是一个跨越多学科的知识创造模型。

进入 21 世纪，国际合作加强，全球更加开放，单一组织内部的知识创造也走向了多组织合作的知识创造，知识创造的研究重点也开始转向组织间的合作创造和复杂网络理论。Bergman 等[118]提出了知识创造的四阶段模型，认为知识创造的过程为定义网络、构建知识库、方案设计、战略选择四个阶段，其模型的独特贡献主要是提出了知识的验证与选择过程。Bergman 等[118]提出了产业研究项目方案制订过程中的动态知识创造和共享模型。杜宝苍和李朝明[119]研究了协同团队的内涵与特征，在认识论维度上采用知识细化为隐性知识、潜隐显知识、潜显隐知识、显性知识的观点，将知识在这四种形态上的转化过程形象地描述为"4 线谱"螺旋模型。从网络视角研究知识创造过程的还有 Jakubik 的协同知识创造模型（collaborative knowledge creation process，CKCP）和成为认知（becoming to knowing）模型。在研究中，用户在知识创造中的作用逐渐引起研究者的兴趣，张雪和张庆普[120]研究了客户协同创新模式下用户的作用及知识创造类型。

2.7　文 献 评 述

Living Lab 是知识经济时代的一种创新模式和创新方法。自从技术创新的概念提出以来，人们对技术创新模式进行了很多方面的理论研究和实践探索。从创新的驱动源来看，随着科技的进步与社会结构的变化，组织边界逐渐模糊，传统的科技推动型创新模式逐步向用户驱动式的创新模式转化，用户在创新中的作用逐渐引起人们的重视。创新作为技术推动与应用创新的双螺旋形态，技术推动与应用创新之间是一个对立统一、共同演进的关系，找到一个技术与应用之间的桥梁是推动创新的关键所在。紧密联系技术进步与应用创新的手段不断涌现，如开放式创新与用户参与创新就是非常有效的模式。在知识经济时代，开放的社会结构成为常态，封闭式创新逐步向开放式创新转变。在这些背景下，人们对用户参与创新的主体表现、参与形式与参与程度、参与效果进行了深入研究，典型的如领先用户理论与用户全方位参与相关理论。总体来看，目前对于开放式创新的研究文献很多，主要研究领域集中在资源的整合、管理模式、利益分配模式等方面，对于开放式创新的情境模式、协作方法方面的研究还很欠缺。而对于用户参与创新的研究，文献数量则还很有限，主要还是集中在领先用户的研究，对于普通用户如何参与创新的研究，国外开始出现一些文献，但国内的研究还刚刚开始起步。

知识是形成企业竞争力的关键要素，知识的应用需要知识的转移，目前关于知识转移的研究主要分布在知识转移的过程、知识转移的机制等方面。知识转移的主体，对组织间知识转移的关注明显要高于组织内部知识的转移；对组织联盟或组织间个体的知识转移还没有引起大家的重视。SECI 模型是知识创造的经典模型，在知识创造研究领域仍然有重要的影响，具有一定的权威性，很多人指出了 SECI 模型的多处不足，并对 SECI 模型进行了改进。近年来，知识创造的类生物模型又重新引起了很多专家的关注，并不断对它进行完善。这种理论基于创新生态的视角，对知识创造原理的系统解释能力有比较独特的优势。

第3章 Living Lab 理论分析

Living Lab 是开放式创新背景下信息通信技术与用户参与创新理论等有机结合的产物，很多学者对 Living Lab 进行了研究，如 Living Lab 的本质特征、组织结构、运行流程、方法和工具等，形成了很多有意义的研究成果，这些都成为本书继续研究的重要基础。

为深入研究 Living Lab 相关理论，本书采用了文献归纳、调查研究和实际体验的方法。第一是认真搜集与研读现有文献，特别是近期出现的关于 Living Lab 理论探讨与实际项目创新案例的文献，对 Living Lab 的本质特征、组织框架与创新流程进行归纳；第二是对国内外的 Living Lab 项目参与人员进行多种方式的调研，包括网上调查和实际访谈等方式，了解 Living Lab 组织结构与具体的运行情况，调研对象包括芬兰阿尔托大学、德国弗劳恩霍夫研究院、北京邮电大学等机构的专家；第三是通过实际参观与参与 Living Lab 项目进行归纳与总结，相关研究者曾经到芬兰实地对 OtaSizzle 和 Active Life Villadge 等 Living Lab 项目进行了实地调研，给笔者提供了很好的一手资料，笔者参与了 BJAST Living Lab 项目的全过程，并到北京邮电大学的 Living Lab 项目进行过多次访谈。基于以上方法，本书试图对 Living Lab 理论进行深入的探讨。

3.1 Living Lab 的特征解析

从国内外专家对 Living Lab 的定义可以看出，它是一种开放式的创新模式、一种组织方式、一种服务体系，也是一种方法论。Living Lab 期望依托于真实的生活环境，面向具体创新问题，建立各利益相关者间的合作机制，通过对现有的相关理论和实践进行总结，本书认为 Living Lab 具有如下主要特征[121]。

（1）Living Lab 强调用户的作用，以用户为中心，用户参与设计、创造，实现用户驱动。

（2）Living Lab 强调真实情境，要求各方在一个真实的开放的情境中进行合作。

（3）Living Lab 是个组织结构，能够将利益相关方有效地结合在一起，强调利益相关者的协同作用。

（4）Living Lab 注重利用信息技术特别是移动技术来达到目的。

（5）Living Lab 是知识转移与创造的平台。

3.1.1　Living Lab 的功能与目标

　　根据欧洲 Living Labs 网络 ENoLL 的观点，Living Lab 最核心的目标就是加强和促进欧洲创新合作和研究开发工作，增强创新能力。与之相联系，Living Lab 的目标是通过构建用户参与创新环境，实现从技术为中心的创新向以人为中心的创新模式转变，通过多方合作，打造知识共享平台，提升区域或参与各方的创新能力。Følstad[30]根据功能和目标将欧洲的 Living Lab 分为三大类：①在网络技术支持下提供创新体验环境；②为开放式创新提供平台或解决方案；③为用户提供测试床。同时他通过文献研究，把 Living Lab 的目标描述三个一级目标和九个二级目标，如表 3.1 所示。

表 3.1　Living Lab 的目标特征

一级目标	二级目标	是否有普遍特征
促进创新与开发进程	情境研究（研究应用的情境）	否
	发现（探索可能的信息通信技术或服务应用机会）	是
	合作创新（用户作为共同创新者）	否
	评估与验证（用户参与解决方案的验证）	是
	技术测试（真实情境下的技术测试）	否
真实情境	用户熟悉的情境	是
	完全真实的情境	否
Living Lab 研究工作	可持续性（中长期的研究）	是
	大量用户参与	否

　　Almirall[122]通过对欧洲多个 Living Lab 进行调查总结，将 Living Lab 的功能归纳为四个方面。①Living Lab 通过提供相关内容与技术平台，支持用户参与创新过程，并通过反馈与评价机制激励用户的参与行为。②Living Lab 通过鼓励用户和社会力量的参与来提高创新能力，这需要满足两个条件：一是用户愿意并且能够参与；二是有实现价值的商业模式。③Living Lab 在创新过程中起着中介与系统协调的功能。④Living Lab 有很强的选择与评价功能。Living Lab 的这些功能与目标如表 3.2 所示。

表 3.2　Living Lab 的功能与目标

一级目标	二级目标
提供合作平台	构建参与平台
	反馈与机理机制
提升创新能力	保证用户参与
	构建商业模式
中介与系统协调	企业与研究机构的中介机构
	Living Lab 各方的网络连接作用
	知识经纪人（为不同的情境提供创意与技术支持）
	创新系统协调者
	不同背景和制度下的项目集成
选择与评价	现有产品（服务）的改进
	多方案的选择（用户参与）

3.1.2　Living Lab 中的用户参与

用户参与是 Living Lab 的本质特征，Living Lab 是一种以用户为中心的创新模式，用户在创新过程中起着重要的作用。随着人们对外部知识资源重要性的认识，开放性创新模式已经在实践中显现出独特的优势，传统的封闭式创新模式日渐式微，现代柔性生产技术为变化日益频繁的用户需求提供了技术支持[123]。随着开放式创新模式研究的进展，大家逐步发现用户知识是一种重要的外部知识资源，将用户知识引入创新系统，将用户知识转化为产品或服务，甚至获得基于用户知识的突破性创新成果，成为"民主化创新"时代的研究热点。很多学者[124]提出应当把用户作为一个重要的创新主体集成到开放式创新系统中去，从而让企业获得更多的用户"黏滞性知识"。同时，用户参与的开放式系统可形成一个独特的价值创造链，用户通过参与创新，在实现用户自身价值的同时也为创新系统提供了独特的创新价值。用户、科研机构、企业、政府的开放式创新系统也就成为一个新颖的创新生态，在这个创新生态中，各个合作者各显其能，通过合作得到自身的追求结果，因为参与的每一方都不可能提供能够完全实现创新成效的全部知识，所以必须通过合作，实现知识的融合和再创造[125]。

Living Lab 正是一种把用户集成到开放式创新系统的方法，用户在创新系统中起着不同的作用，从需求信息的提供者到设计制造的合作者甚至主导者。Ståhlbröst[126]将用户在 Living Lab 中的作用分为三类，分别为"用户参加""用户参与""用户主导",把创新系统(过程)比作汽车。在"用户参加"类中,创新主体仍然是科研人员或开发人员,相当于司机角色,但司机应当在开车前咨询用户的需求,科研人员与用户相当于出租车司机与乘客的关系,路线由司机决定,也就是创新过程还是由专业人员主导;在"用户参与"类中,用户的作用有一定的提升,相当于副驾驶,用户会通过各种方式对行驶路线提出自己的建议,司机根据用户的建议不断地调整行驶路线;在"用户主导"类中,是科研开发人员与用户分别驾驶一辆汽车,路线由用户自行确定,在路上遇到障碍物的时候,需要科研开发人员到前面进行清障,这种方式用户作用发挥得最充分。通过 Living Lab 的现实案例进行调查发现,在 Living Lab 的发展前期,用户的作用往往仅限于第一种模式,如很多智慧屋、智慧社区等,通过用户的访谈和真实情境下对用户行为的观察得到需求数据,很多专家对这一现象进行了批评,认为 Living Lab 理念下用户的作用绝不限于充当试验"小白鼠"的角色,其后随着技术水平的进步和很多专门的工具研制,用户在 Living Lab 的作用也逐步升级,但由于各种条件的限制,目前"用户主导创新"的案例还非常少。

3.1.3　Living Lab 的创新情境

　　Living Lab 是一种真实情境下的开放式创新模式,根据文献查阅结果与案例调查,对于 Living Lab 中真实情境的理解有三个方面。首先是产品应用情境的真实性,其次是产品研发情境的知识性,最后是用户生活情境的真实性[127]。

　　很多 Living Lab 项目的直接目标是开发适应市场需求的产品和服务,在产品原型已经设计完成的基础上,需要对用户进行测试,并根据用户的反馈进行产品或服务的改进工作。为保证测试结果的客观性和真实性,需要在尽可能接近产品应用的环境中进行测试,这样有利于用户表达真实的需求,精准地发现产品中存在的缺陷和可改进之处。真实应用情境包括产品系统的部署、产品所依托环境变量的真实性、参加测试用户的真实性、产品技术支持方各种参数的真实性[128]。

　　产品研发过程也要尽量在真实的情境中进行,这样能够保证参与研发主体在真实的环境中进行交流和知识共享行为,根据 Nonaka 的理论,知识的演化过程需要在相应的环境中进行,真实的情境正是这样的知识转化环境,有利于隐性知识的显性化,也有利于隐性知识的社会化。同时,Living Lab 鼓励用户参与创新,在真实的情境中,有利于用户向创新系统中转移自己的"黏滞知识"。

　　最后一种真实情境是用户的日常生活状态,这是一种真实程度最高的状态。用户在真实的日常生活中对创新的体验最直接,也最客观。目前存在的难点主要是如何将用户的日常生活情境引入 Living Lab 系统,幸运的是,现代信息通信技术特别是移动通信技术、物联网技术的快速发展，可以将创新行为推进到用户的日常生活状态。目前在 Living Lab 项目中，主要是基于用户日常生活的行为观察方法及日常行为的数据收集过程，通过大数据技术，提炼和总结用户的真实需求，或者获得用户对产品或服务的全方位感受和体验数据，从而为产品和服务的创新提供支持。

在 Living Lab 的实践中，对真实情境的实现主要依靠两种方式：一种是自然的真实环境，通过在真实环境中部署产品或服务设备，或者只是简单地对用户的日常生活行为进行观察，获得关于用户的数据。也可以是 Living Lab 的创新主体在真实情境下开展研究和设计工作。由于真实生活情境的分散性，这种方式的应用需要支付比较大的成本，样本数量也会受到极大的限制，所以在实际研究过程中并不常见。另一种真实情境的实现方式是虚拟仿真技术，通过虚拟现实技术，在特定的区域模拟真实情境，如产品的实际应用环境等，用户在虚拟的情境中进行体验和测试，这种方法虽然在真实程度上不如前一种方法，但有比较大的普适性，成本低，测试过程时间短，在实践中得到了大量应用。

3.1.4　Living Lab 中的方法和工具

Tingan 和 Matti[129]对 Living Lab 中的方法和工具进行了分类，分类主要是根据两个维度：情境的真实性维度和信息通信技术手段应用维度。水平坐标轴表示情境的真实程度，从左到右代表着控制的减弱趋势与情境真实性的加强，左边为传统的实验室模式，右边则是更加自然的真实生活情境。垂直坐标轴用来表征信息通信技术手段的应用情况，下部是传统的方式，上部是应用现代信息通信技术的方式。方法和工具的分类如图 3.1 所示。

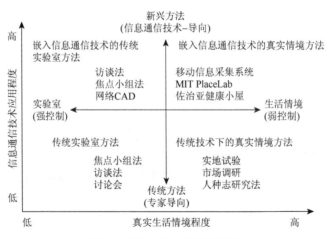

图 3.1　Living Lab 工具和方法

　　第一象限是嵌入信息通信技术的真实情境方法，脱离了传统的实验室概念，在很大基础上依托信息通信技术的支撑[130]。应用这种方式的案例包括移动信息采集系统、MIT PlaceLab、佐治亚健康小屋等，在这些项目中，通过在用户的手机等智能设备上安装数据自动收集系统，或者在用户的生活环境中安装基于信息通信技术及物联网的数据自动收集系统，对用户的日常生活状态进行行为观察或数据收集。这种研究方法的优点是将信息通信技术完全嵌入用户的日常生活情境中，对用户的日常生活没有打扰，获得的数据真实可信；缺点是效率不高，样本量有限，还有就是有侵犯用户个人隐私的可能，需要用户的配合。

　　第二象限是嵌入信息通信技术的传统实验室方法，研究过程处在完全可控的状态，但用信息通信技术对传统的方法如访谈法、焦点小组法等进行了改造，通过网络的方法进行线上调查。这种方法比传统的方法效率高，但情境真实度存在限制。这种方法在实际中应用的情况较多，研究者也比较熟悉，如果配合虚拟现实技术，可以在一定程度上弥补情境真实性不足的弊端。

　　第三象限是传统实验室方法，如焦点小组法、访谈法等。这些方法比较成熟，容易掌握，但需要较长的时间和较多的其他资源投入。

　　第四象限是传统技术下的真实情境方法，如实地试验、田野调查、市场调研、人种志研究法等。这类方法比较成熟，但实施起来并不容易，比访谈法需要投入更多的人力、物力成本，但实际效果较好。

　　Living Lab 比较推崇的方法是第一象限的方法，但并不排斥其他方法。由于各象限中的方法各有优缺点，在实际项目中，经过改造的第二象限中的方法应用情况最多，其次是第四象限中的方法，第一象限中的方法虽然从理论上得到很多学者和专家的推荐，但由于目前 Living Lab 项目还不够成熟，相关工具也正在发展过程中，对用户隐私的影响不容易解决，上述因素制约了第一象限方法的广泛应用，相信随着信息通信技术的进一步发展、相关法律法规的完善、人们价值观的变化，这类方法会得到更多的应用。

3.2　Living Lab 组织框架特征分析

　　进入现代社会，市场结构更趋复杂化，产业聚集现象明显，复杂多变的市场要求更短的研发时间与商品化时间，现代竞争不再是"大鱼吃小鱼"，而是"快鱼吃慢鱼"，企业必须和外部进行充分合作，应用高效的创新方法，连续不断地实现产品创新或服务创新，只有这样才可能在残酷的市场竞争中立于不败之地。由于合作主体在规模、行业、目标、能力、资源禀赋等各方面各有千秋，开放式合作创新需要一系列合作管理机制来保证创新过程的持续进行，Living Lab 正是一种把多方有机结合在一起，并在真实情境下创新的有效方法。与传统的开放式创新与合作创新相比，Living Lab 更加有组织性、有独特的组织结构，既能保证组织的动态和柔性，也能够严格地发挥各种控制与协调功能。

3.2.1　Living Lab 中涉及的利益相关者

Living Lab 是一个典型的开放式合作创新模式，在创新过程中，需要多个组织或群体通力合作。根据现有案例，参与一个 Living Lab 的组织或群体差异很大，在数量和种类上并没有一个统一的规定，但总体来说，会涉及如下组织或群体。

（1）科研开发群体。一个 Living Lab 的发起可能基于不同的目标，如有些是为了设计出更加有竞争力的产品和服务，有些是为了对某些新技术和设备进行测试以便于进一步改进，还有一些 Living Lab 是为了设计新的商业模式。不论是哪一种 Living Lab，科研开发群体都是必不可少的。在 Living Lab 的运行中，科研开发群体可能属于发起人，往往起到总揽全局和控制协调的作用。发起人会设计 Living Lab 的总体运行程序，选择合作伙伴，特别是用户群体。在创新过程中，科研开发群体需要利用各种方法和手段（特别是信息通信技术手段）对用户行为进行观察，记录数据，设法获取用户的各种知识和判断，引导用户参与创新，同时科研开发群体还需要和合作者充分进行知识交流，与用户一起进行合作创新。

（2）用户群体。Living Lab 作为一种用户驱动的创新模式，用户在创新过程中起着不可替代的作用。在 Living Lab 中，用户绝对不是实验的对象（小白鼠），而是创新者。用户是创新分析的数据源、需求表达者、产品体验者、合作设计者与生产者，是重要的创新源和驱动力量。在真实的情境中，用户可以向其他群体转移独特的知识，是重要的知识源，Living Lab 的组织特征与技术特征，有利于用户显性知识与隐性知识的转移。

（3）专业机构（合作者）。大部分 Living Lab 的发起人是企业，作为一种开放式创新模式，在运行过程中需要其他专业机构的协助，实现合作创新。这些专业机构包括高等院校、信息技术企业、合作科研单位等。根据文献资料，欧洲的 Living Lab 中基本都有高等院校参与，这些高等院校在其中扮演知识提供者、试验者的角色，并可提供部分组织协调功能。同时，Living Lab 需要有志于产品研发、服务研发的企业共同参与，这些企业或者科研单位也是重要的合作者。

（4）技术支持者。Living Lab 非常重视应用信息通信技术实现用户行为数据的收集，并需要用信息通信技术搭建真实生活情境，这些都需要专业信息通信技术企业的配合。

（5）政府。政府并不干涉 Living Lab 的具体组建与运行，而只做宏观管理工作。作为一种新的创新方法与创新模式，Living Lab 在欧洲被寄予厚望，政府出台了很多相关扶持政策，并出资资助了很多具体的项目。政府扮演一个政策制定和宏观管理的角色。

Living Lab 的组织功能结构可以用图 3.2 表示。

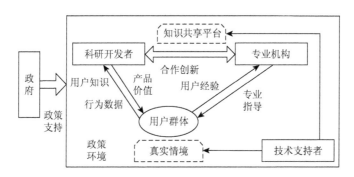

图 3.2　Living Lab 组织结构

3.2.2　Living Lab 组织结构特点

Living Lab 由多个利益相关主体组成，在目前其他开放式创新体系中，这些主体往往体现为一个组织间的联盟形式，每个组织都具有相对的独立性，联盟内组织的协调管理必须依靠相应的契约进行。笔者根据对国内外一些 Living Lab 组织的观察，认为 Living Lab 作为一种开放式组织模式，与传统的创新联盟有着很大的不同，具体体现在如下三个方面。

（1）Living Lab 更多体现为个体的组合，组织在创新中并不完全发挥主导作用。Living Lab 是一种民主化创新模式，表现为自下而上的创新，具有一定的自发性和组织性。Living Lab 虽然由多个组织共同构成，但每个组织的界线都会被打破，组织被分解成个体，个体在创新中发挥着重要的作用。基于共同的目标，打破组织界线的个体又重新组合为创新团队，Living Lab 的创新过程主要体现为创新团队的创新活动。

（2）Living Lab 的组织具有一定的层次性，信息通信技术的信息通道是重要的连接工具。Living Lab 不同于创新联盟，也不同于 Wiki 那样纯粹无组织的开放式创新，Living Lab 重视兴趣的作用，但仍然有相应的商业目标，所以 Living Lab 的组织具有一定的层次性。在组织的中心是由科研人员、开发人员、领先用户等个体组成的核心创新团队，Living Lab 对核心创新团队具有紧密的组织联系措施和管理措施，核心创新团队外面存在不同层次的创新团队，这些团队成员间关系较为松散，层次越靠外，组织结构就越松散，用户个体也会分散在不同的层次中。但不论哪个层次的成员，都能够应用 Living Lab 特别构建的信息联系通道与核心创新团队建立紧密的联系，实现信息共享。

（3）Living Lab 组织具有明显的虚拟性和动态性。Living Lab 组织具有明显的虚拟性，个体的聚集基于不同的动机，包括利益动机、兴趣动机、社会价值动机、自我实现动机等，契约在其中也起着重要的作用，但契约作用要比动态联盟弱得多，契约内容也更简单。同时，Living Lab 中的成员具有明显的动态性，成员可以进入，也可以退出，成员在 Living Lab 组织中的层次越靠外，组织就越松散，动态性就越强。例如，可能会存在一个普通用户，在为 Living Lab 提供了一个创意，或者提供了自己的一些感受后就离开了 Living Lab 组织，也可能有一些用户会长期参与 Living Lab 的创新工作，成为 Living Lab 的核心创新团队成员。

Living Lab 的组织结构可用图 3.3 来表示。

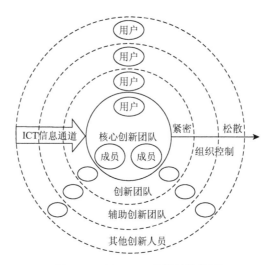

图 3.3　Living Lab 组织结构特征

3.2.3　Living Lab 与其他创新组织的比较

为了推进开放式创新，政府或一些区域成立了很多为企业合作服务的中介类创新组织机构，如技术转化中心（technology transfer offices）、商业孵化中心（business incubators）、科技园区（science&technology park）等，Guido 和 Jerome[131] 将这些组织机构进行了对比分析，分析结构如表 3.3 所示。

表 3.3　开放式创新媒介类组织机构对比

属性	商业孵化中心	科技园区	技术转化中心	Living Lab
目标	独立的技术设施及风险资金支持创新者在早期阶段关注核心商业模式	通过产业集群的形式促进地区技术进步	促进智力资源（成果）的商业化	用户参与寻求技术解决方案，面向创新与市场需求

续表

属性	商业孵化中心	科技园区	技术转化中心	Living Lab
目标群体	缺乏商业渠道和资金的早期创业者	专注与技术研发，具有一定实力的企业	具有科研成果但不具备商业潜质的人员或机构	技术支持者、科研开发者、用户
基础设施	(1) 有限的资金预算，标准办公场所 (2) 服务设施及其他基础设施 (3) 服务提供者的网络（市场部、技术指导部）	(1) 促进驻园区企业交流的设施 (2) 商业化机构 (3) 技术知识分享实验室 (4) 园区网络	(1) 提供智力资源库 (2) 基于智力资源的商业化推进机构 (3) 研究者与商业者的社会网络	(1) 用户与科研开发人员交流的平台 (2) 针对创新解决方案的测试床 (3) 利益相关者的合作网络 (4) 创新成果商业化的孵化环境
核心任务	(1) 高效的管理服务 (2) 建立创业者和创业成功者的联系	(1) 提供具备吸引力的各项服务设施 (2) 鼓励目标企业进驻园区 (3) 支持园内企业进行技术交流，建立分享文化	(1) 寻求有价值的智力资源 (2) 保护知识产权及商业化模式 (3) 商业网络建设 (4) 保证足够多的自力资源	(1) 建立一个自组织的合作创新项目 (2) 促进各方的知识共享行为 (3) 建立用户参与知识共享平台
发起者	地区政府或公共部门	国家或地区	学术机构	学术机构、地区政府、科技公司
业绩指标	存活率 平均增长率 平均孵化时间	园区成长速率 企业进驻率	商业化比率 资源库存量 经济产出	创新能力提高 科研声誉 创新产品数量

3.3　Living Lab 创新及知识创造流程

通过对 Living Lab 的特征解析和对其创新流程的分析，Living Lab 的核心目标是为了促进创新。在强调用户参与和真实情境的基础上，知识的共享与创造贯穿了 Living Lab 的整个流程，知识的创造过程成为 Living Lab 创新模式的重要特征与表现形式。

3.3.1　Living Lab 模式下的创新流程

现有的文献资料显示，对 Living Lab 的应用流程并没有一个统一的规范。Lama 和 Origin[132]把 Living 的创新过程分为四个阶段：发起、原型开发、验证与改进。也有专家将其分为五个阶段：研究、设计、原型开发、验证（预商业化）、商业化生产。

为了研究 Living Lab 创新模式中知识创造机理，进行这样粗线条的流程是不够的，实际上，Living Lab 的创新流程包括多个内部循环，涉及多个主体间的互动，非常复杂。本书试图对其中的创新流程进行一个较深入的解析，根据笔者参与 Living Lab 的经验，结合相应的文献资料，将 Living Lab 的创新过程划分为如下七个阶段，在每个阶段，都需要用户不同程度的参与，发挥不同的功能。

1. 创意收集阶段

在创意收集阶段，选用合适的方法，通过对数据的分析，激发研究人员的灵感。数据的来源有内部员工、竞争对手、用户群，还可以从网络、出版物获取相关信息。在创意收集阶段，主要是科研开发人员发挥作用，用户作为一个信息源与数据源存在，主要可以应用观察法、调查法、强制关联法、头脑风暴法收集与激发创意。在这个阶段，主要依据可行性原则、效益性原则、适应性原则进行，需要对创意进行初步评估与筛选。

2. 需求分析阶段

需求分析是个非常重要的阶段，因为在需求柔性化与迅速变化的时代，对用户需求的准确把握是创新成功的重要前提。需求分析包括明确目标、描述服务创意、选取目标顾客、确定研究工具、需求调研、结果评估与需求呈现、确定产品或服务概念等多个阶段。传统的需求调研方法包括用户问卷调查、员工调研、竞争对手分析、官方数据分析等，Living Lab 强调用户参与、情境式研究、信息通信技术的应用等方面，在 Living Lab 创新模式下，常用的方法包括人种志方法、真实情境下用户行为观察方法、大数据处理法、实地工作法等。在这个阶段，需要与用户进行多种渠道、多种方式的互动，用户需要发挥较大的作用，同时需要信息技术手段的支持。

3. 原型开发阶段

需求分析结束后，根据获得的信息，下一步就是产品（服务）原型的开发阶段。原型开发中需要做以下几方面的工作，包括开发产品模型、技术模型、资源模型、环境模型和商业模型。在这个阶段，Living Lab 作为一个开放式的创新模式，需要多方合作设计，引入技术与专业合作者，用户可以参与一定的设计工作，但主要工作仍然由专业机构进行。在原型开发阶段，应当完成技术可行性的测试。

4. 测试阶段

产品（服务）的测试包括有效性测试、友好性测试、一致性测试、均衡性测试、流程测试、环境测试、商业模式测试、员工满意度测试等内容。测试是产品创新或服务创新的重要阶段，也是 Living Lab 的重要内容。在测试阶段，需要用户的紧密配合，要尽量详尽地获得用户对产品的感受和体验，并广泛征集用户的改进意见，以对产品（服务）进行有效的改进。Living Lab 强调要在真实的环境下进行测试，保证知识转移的效率和准确性。

5. 改进与验证阶段

在改进阶段，需要研发方、专业机构、技术支持者和用户紧密合作，共同创新。在这个阶段，用户作为共同设计者出现。实际上，改进阶段与测试阶段可能会经过多轮循环，紧密结合，而不是独立的两个阶段。在这个阶段，可能需要设计多个产品模型，为了降低成本与创新风险，Living Lab 会充分利用信息通信技术手段，通过快速原型开发技术与真实情境结合，让用户和员工快速理解产品的改进效果。最后经过技术、经济、用户体验等各方面的验证，确定产品（服务）的最终设计方案。

6. 实际开发阶段

设计方案确定后，各方合作进行开发。用户在这个阶段仍然发挥重要的作用，成为合作制造者。

7. 商业化阶段

按照熊彼特的观点，创新的最终目的是商业化，不能商业化的活动可以是科研试验，不能称之为创新。产品（服务）最终要进入到商业化阶段，商业化以后，还要继续对用户群体进行追踪，紧密关注用户的需求与产品反馈信息，以利于进一步的创新。

在各阶段，涉及的各主体和作用如图 3.4 所示。

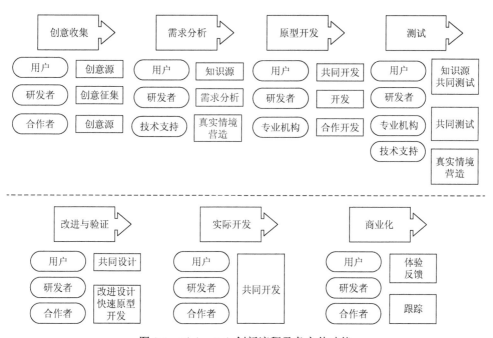

图 3.4　Living Lab 创新流程及各主体功能

3.3.2　Living Lab 中的知识创造流程

Van der Walt 最早提出一个 Living Lab 的"四工厂式"框架模型[37]，将 Living Lab 分解为四个子系统，他把每一个子系统称之为一个"工厂"。这四个工厂分别是产品工厂、社会网络工厂、服务工厂和知识生产工厂。产品工厂表现为创新的终端，是一种创新的具体表现；社会网络工厂指创新主体之间的各种社会联系，通过社会网络，科研机构、企业、用户与政府等创新主体形成虚拟团队；服务工厂为 Living Lab 创新过程提供各种支持，包括软硬件所有领域的服务；知识生产工厂是通过知识目标点（knowledge object）的建立和知识问答、共享系统实现知识的生产和应用，可以用图 3.5 来描绘 Living Lab 的框架。

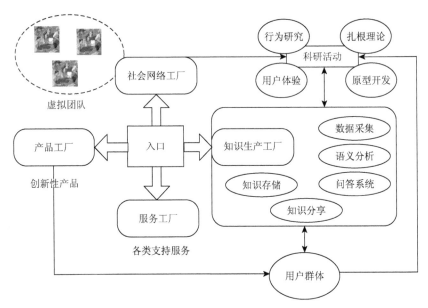

图 3.5　Living Lab 系统框架模型

本图参照 Walt 原图绘制，有改动

通过对 Walt 提出的"Living Lab 四工厂"模型进行深入研究，可以把这四个工厂理解为四个子系统，这四个子系统是相互协调的，共同遵循创新活动的主线索，在创新中体现不同的功能。社会网络工厂体现创新主体层面内容，产品工厂是创新的具体表现，服务工厂是支撑系统，而知识生产工厂则是 Living Lab 得以发挥作用的内部核心要素，体现 Living Lab 的科学机理，知识生产工厂就如人体的大脑，对整个创新过程起着主导作用，可以通过各个子系统的具体流程进行描述，如图 3.6 所示。

图 3.6　Living Lab 各子系统流程与功能

在知识经济时代，知识已经成为维持各类组织、群体竞争能力与竞争优势的最有价值的资产[133]，技术创新的过程必然依托知识的创造与应用过程。对所有的 Living Lab 来说，其主要任务包括为组成 Living Lab 的利益相关体提供知识共享的平台，通过知识创造、应用等流程将知识转化为有价值的资产和服务[134]。知识具有不会消失与不会贬值的特征，通过知识的共享，其他主体可以获得自己所不掌握的知识，从而改善自己的创新能力，在主体间的交流中，Living Lab 会产生新的知识，de Jager 将知识比喻为美食，而 Living Lab 就是制造美食的厨房。

从前面的创新流程可以看出，Living Lab 的创新过程完全是一个知识引入、创造和应用的过程，这些知识的创造过程是参与其中的多个组织和个体在一定的环境中共同进行的，通过对创新过程进行分析和归纳，本书认为 Living Lab 中的知识创造过程可以分为两个大的阶段，分别为用户知识的获取阶段和知识的演化阶段。用户知识可以分为多个类别，用户知识对于 Living Lab 中知识的创造起着重要的作用，而知识的演化过程包括新知识的生成过程与知识的选择过程。

1. 用户知识的获取

Living Lab 是一种以用户为中心的创新模式，从其创新流程可以看出用户在每一个阶段都发挥着不可替代的作用，用户知识在知识创造过程中也必然是一个关键因素。关于用户知识，可以从不同的角度进行分类，如从知识认识论角度可以分为隐性知识和显性知识，从知识获取的形式可以分为主动知识和被动知识，还可以根据用户的类别或知识的内容对用户知识进行分类。用户知识是进一步知识创造的基础，对用户知识的准确捕获，尽可能全面地将用户知识转移到 Living Lab 的其他个人和组织中，将会更好地促进知识创造过程，实现成功创新。

根据目前 Living Lab 的实际案例，将用户知识分为主动知识与被动知识能够更好地解释目前 Living Lab 对用户知识获取的手段和途径。同时，Living Lab 非常强调情境的作用，研究情境因素对于用户知识转移的影响非常有必要。

2. 知识的演化

知识的演化过程包括两个阶段：首先，知识的创造过程必然会伴随着新知识的生成；其次，无论是新生成的知识还是原有的存量知识，都必须经历知识的进化过程，知识进化的基本途径是对知识的选择过程，只有适应环境的知识才会最终得以应用并实现升级。

新知识的产生过程其实是很难与知识分享过程截然分开的，本书突出新知识的产生过程是为了在机理方面进行详细的推理与归纳。在 Living Lab 创新过程中，伴随着多种活动，如对用户的访谈、用户行为的观察、无时无刻的知识共享、真实情境中的体验、各种智力激励过程等。用户在新知识的产生过程中扮演着重要的角色，同时真实情境的营造也对知识创造过程有深刻的影响，Living Lab 新知识的产生也伴随着隐性知识和显性知识的转化、知识在不同层级上的传递。正如生物体的繁衍过程一样，在各种催化酶的作用下，有了适应的环境，多种知识产生碰撞与交合，新的知识才会源源不断地产生。

新知识的产生并不是最终目的，而是必须进行应用产生效益。新知识的验证主要有三个步骤：首先是知识真伪的验证，也就是验证新知识是否是正确的、是否是客观规律的反映；其次是要验证新知识的可行性问题，能否在当前条件下得以应用；最后是要验证适应性问题，是否适应环境和市场的需要。经过知识验证，相当部分的知识被淘汰，部分知识得以进入下一轮的循环。需要指出的是，在 Living Lab 中，用户既是新知识的生产者，也是新知识的验证者。

经过验证的知识会最终得以应用，如开发出更新的产品或服务，实现市场化。这时知识也就进入一个转移和扩散的过程，同时，经过市场选择的知识也会在 Living Lab 中进行存储，为进一步的知识创造打下基础。

Living Lab 中的知识创造是个连续的循环过程，本书将对这些阶段进行深入分析，研究各个阶段的所处环境、涉及主体和各种影响因素，以及各种因素的作用机理，试图对 Living Lab 的知识创造机理进行全面的诠释。

Living Lab 创新模式中的知识创造流程如图 3.7 所示。

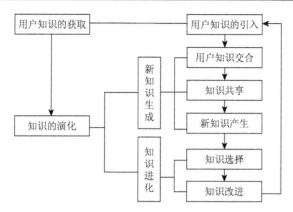

图 3.7　Living Lab 中知识创造流程

3.3.3　Living Lab 中的知识创造特征

通过对国内外 Living Lab 的创新过程及模式进行总结可以发现，Living Lab 中的知识创造具有一些共性特征，本书把这些特征归结为三类，分别是组织特征、过程特征和环境特征。

1. 组织特征

（1）开放性。Living Lab 是一个开放的创新环境，开放意味着任何一个对创新目标感兴趣并具有共同愿景的主体随时可以加入创新过程，达成目标后也可以退出。实际上，在现代社会的大多数创新过程中，不可能依靠单个组织的知识去达成目标，现代创新的复杂性要求综合利用多方面的知识资源，特别是外部知识，Living Lab 从某种程度上来看正是一种将多方主体有机结合进行合作创新的组织模式。组织者也需要根据实际研究需要去寻求必要的资源，并将这些资源导入创新过程。例如，在 BJAST Living Lab 老年服务开发的创新过程中，发现引入医学专家、导入医学知识还不够，用户更需要心理方面的服务，故在研究过程中又引入心理学专家和心理学知识。创新过程中知识类别越丰富性、知识数量越多、必要知识越完备，越有利于新知识的产生。

（2）群体性。在传统的知识创造模型中，知识创造过程被描述为个体—小组—团队—组织层面上的知识转移过程，Konaka 认为，知识不仅在隐性与显性之间进行转化，同时在层级上进行提高，个人知识最终转化为组织的惯例、制度与成果，这样组织的创新能力才会得以提高，Konaka 知识创造模型对合作创新与开放式创新的知识创造能力解释力不足。对于任何一种创新模式，知识演化的起始点都在个体知识，但一个创造循环周期的落脚点存在不同。通过对 Living Lab 创新过程的观察，可以发现 Living Lab 中知识创造的存在维度有明显的网络特征，很难用一个单线条将知识的转移过程描述出来。但对知识创造有明显影响的是团队层面的知识，在 Living Lab 创新模式中，团队层面的知识对创新能力起着决定性的作用。

2. 过程特征

（1）知识创造有明显的目标性。Neisser[135]认为，只有在有目的活动的背景下，作为"认识"（knowing）和"理解"（understanding）的认知过程才能发生。知识创造的目标是知识的应用，只有知识应用才能称之为"创新"，在 Living Lab 中，知识创造的最终目标是应用，也就是应该设计出更好的产品与服务，并将之市场化。在技术飞速发展与知识更新加快、用户需求呈现多样化和快速变化的背景下，创新成功需要满足几个条件，包括准确掌握用户需求与用户需求的变化规律、提高创新效率、拉大与竞争对手的差距。在这个目标性的指导下，Living Lab 中的知识创造既要提高创造的速率，也要提高知识创造的准确性。为了提高知识创造的速率，Living Lab 中提供了很多促进知识共享与知识转化的工具，为了提高知识创造的准确性，就需要在知识创造过程中保持一个核心轨道，这就是用户主导，用户参与全过程的知识创造活动，从而创造出符合市场需求的知识，设计出优秀的产品和服务，实现创新活动的大目标。

（2）新知识是多种知识的组合，具有交合性。在 Living Lab 中，新知识是已有知识交合产生的，具有交合性。首先，知识的产生不是凭空的，存在多个知识"母体"与"父体"，在创新过程中，用户的知识、各类科研人员的知识、开发人员的知识、其他相关利益者的知识，广泛分布在 Living Lab 打造的真实创新环境之中，通过知识共享平台时刻进行着深入的交换与融合。新知识的产生与这些"原有知识"存在着必然的联系，这也与知识建构主义的理念相符合，对每一个知识主体来说，外界存在的现象和信息进入自身，需要与自身已经拥有的认识相结合，进行进一步的加工，方可产生新知识，知识在量和质上的进步，是用"已有知识"来对外来刺激、数据、信息和新知识的处理过程。其次，新知识的产生可以是多种知识片段重新组合产生的，也就是说新知识的产生是原有知识的交合，在 Living Lab 中，对用户知识的获取与知识的分享之所以成为知识创造的重要前奏，就是因为在对外界知识的吸取与多种知识的交汇中，通过孕育过程，用户、科研人员、企业开发人员、技术人员等多主体间的知识再深入化合，从而产生出新的知识。

很多专家提出过"顿悟"与"知识跃迁"的概念，本书认为，"顿悟"与"知识跃迁"并不是凭空出现的，而是一个从量变到质变的过程，"顿悟"与"知识跃迁"只是一种表象，对于某个知识主体来说，其内部已经感知到了来自外界的知识，这些知识已经处于与自身已有知识的结合反应过程中，知识这种反应尚未被其明确感知，在实际案例中，"顿悟"与"知识"其背后仍然是知识的交合过程。

（3）知识都会经过一定的验证过程，具有选择性。在 Living Lab 创新模式下，信息通信技术得到广泛应用，现代信息通信技术与真实生活环境相结合，在知识共享系统的支持下，会产生大量的数据、信息，这些数据与信息会自动存储。新知识的产生需要对这些数据和信息进行挖掘，并不是所有的数据与信息都会得到应用，只有经过加工，符合 Living Lab 主体创新内容和创新目标数据和信息会进入下一步的创新过程。在 Living Lab 创新循环中，存在很多知识选择的环节，如很多阶段都会有用户参与的测试活动，这些测试活动可以看成是知识选择的过程，选择过程保证了知识创造的准确性，有利于知识的持续进化。

（4）知识创造是一个连续的循环过程，具有持续性。Living Lab 中的创新是一个持续的过程，知识创造也是一个持续的过程。从创意、需求分析、原型开发、测试到改进、正式开发、商业化等阶段，知识创造行为要经过多轮循环，在每个阶段，新的知识不断被创造出来，并经过各种测试和验证，经过选择，符合需求的知识得到进一步的应用，不符合需求的知识则被淘汰，在应用中又会产生新的知识，新的知识进入知识存储系统，经过与更新的知识交合，又会导致新一轮的知识更新，如此循环往复，知识得到持续的更新。

3. 环境特征

新知识的产生必然离不开一定的情境，真实情境是 Living Lab 知识创造的典型特征。正像生物学领域表现的那样，扭曲和被破坏的环境严重影响着生物的行为，也影响着新生命的诞生和成长。Living Lab 强调在真实情境下创新，这对知识创造过程有着重要的影响：一方面，通过各种情境的打造，促进知识创造的速度，提供知识反应的合适容器和催化剂，让多方知识在真实的环境下加快结合与反应的速度；另一方面，真实情境有利于知识创造的有效性与准确性。Weick[136] 从组织管理的角度，指出组织对环境信息的解读具有自我式现实式预言的因素，这就是组织对其自我实现成就具有强烈意志的原因。Weick 将这种现象称之为对环境的"制定"（enactment）。

根据"霍桑效应"，意识到自己正在被人观察的个人会有改变自己行为的倾向，或者当人们意识到自己表达意见会对别人带来一定影响的情况下，被调查人往往不能如实表达自己的真实感受，如在传统的知识获取途径中，当用户填写调查问卷或回答访谈问题时，会有意掩盖自己的真实感受。Living Lab 的真实情境一般指真实的生活状态，要尽量地避免用户对外界观察者的感知，或者让多个主体共同融入相同的情境，以保证知识创造的准确性和有效性。

3.4　本 章 小 结

文献与现有案例显示，Living Lab 的核心目标是增强创新能力，促进创新行为。用户参与、真实情境、信息通信技术的应用是 Living Lab 的本质特征。Living Lab 中包括多个利益相关者，包括科研开发群体、用户群体、专业机构、技术支持者、政府等，其中用户在其中扮演着重要的角色，属于合作创新者。Living Lab 从组织结构上看不同于创新联盟，Living Lab 更多体现为个体的组合，组织的界线被消融，组织在创新中并不发挥主导作用；Living Lab 的组织具有一定的层次性，信息通信技术信息通道是重要的连接工具；Living Lab 组织具有明显的虚拟性和动态性。

总体来说，Living Lab 创新模式中的知识创造过程可分为两个阶段，作为一种开放式创新模式，首先是外部知识的引入，在这里本书重点讨论用户知识的引入，用户具有独特的创造力，是市场需求的主要表现因素，此阶段的目的是在整个系统中引入用户知识基因，为现有知识改良打下基础；其次是知识的演化阶段，包括新知识的生成阶段与知识的选择阶段。

基于以上对 Living Lab 的本质特征与知识创造流程的分析，本书后面的章节安排将依据知识创造的流程展开。将重点研究四个内容，首先是用户在知识创造中的作用，Living Lab 作为开放式的创新模式，对外界知识的引入和利用是必不可少的，用户知识的引入是其知识创造的基础，本书要研究用户知识如何顺利地转移到 Living Lab 中、影响因素有哪些、作用机理是什么；其次，重点要研究在 Living Lab 知识创造过程中，新知识究竟是怎么产生的，弥补 SECI 模型的空白，知识是怎么得到精炼及知识适应性是如何提高的；再次，在总体层面上通过多维度的分析，归纳知识创造的总体机理，特别是在方法论维度上进行合理归纳；最后，通过具体的 Living Lab 案例分析，对机理进行验证。

第 4 章　用户知识的获取机理

Living Lab 的核心目标是创新，也就是设计更有价值的新产品与新服务，开拓新市场，实现市场价值。Madhavan 和 Lievens[137]认为，创新过程从本质来看就是一个知识创造的过程，在这个过程中，创新者需要同时利用组织内部与外部的知识、技术和其他资源。从这个意义上讲，搞清了 Living Lab 创新模式下的知识创造机理，实际也就可以诠释它的创新科学原理。对于知识创造的过程，无论是 Konaka 的典型 SECI 知识创造模型、Cook 的桥接认识论模型、Fong 的多学科知识创造模型，还是和金生提出的知识酶合理论，知识转移与共享都是知识创造的前提与重要环节。Living Lab 中既包括个体的知识创造，也包括团体的知识创造过程。Living Lab 实现创新的前提是通过各种方法和手段获取用户的知识，在各参与者之间实现充分的知识共享,在此基础上实现知识创造。Hargadon 和 Sutton[138]曾经指出 Living Lab 在创新活动中扮演了一个"知识经纪人"的角色，Living Lab 成为知识转移与创造的重要平台。

用户知识对于 Living Lab 创新起着重要的作用，是提高产品用户价值的重要保证。在 Living Lab 创新模式下的知识创造过程中，对用户拥有的知识进行准确有效的捕获，是这种创新模式成功的重要保证。本书认为，知识的获取属于知识转移概念范畴，科研人员对用户知识的获取过程实际就是用户知识向 Living Lab 中其他主体转移知识的过程，这个知识转移的过程受到很多因素的影响，本章对用户知识的获取流程与转移机理进行探讨。

4.1　用户知识概述

在市场经济准则得到人们广泛认可的新时代，对用户需求的准确把握成为创新成功的重要条件。市场可以分解为一个一个的用户，市场可以理解为全体用户的叠加。用户的行为特征是其内心的表征，是需求的潜在体现，用户的知识是创新的重要源泉。基于促进创新的大目标，Living Lab 主要目的之一就是为用户全过程参与创新提供一个便利的环境，将创新系统从传统上以技术为中心转化为以人为本。在创新过程中，用户在与自己实际生活状态密切相关的真实情境中参与多个环节：一方面，使用户对产品或服务的研发过程有一个深入的理解；另一方面，通过用户的真实体验，科研与开发人员能够捕获用户的知识，如真实的需求或对产品的感受、要求等，对用户知识的准确捕获是 Living Lab 创新模式的核心要求和特征。

4.1.1　用户知识的分类

首先需要对用户的概念进行一下界定，在目前的研究中，有个名词一直在交叉混用，如顾客、消费者、用户等，如笔者在文献中经常见到顾客参与创新、消费者参与创新、用户参与创新等提法。下面对这三种提法进行一下解释。

（1）消费者。消费者是直接消费产品或享受服务的对象，是最终端的直接用户，目的是获得产品（或服务）对他带来的价值。例如，某人购买手机，目的是使用手机，满足自己的切实需求。

（2）顾客。顾客是产品（或服务）的购买者，但他的购买行为不一定是为了自己享用，是间接的消费者。例如，某产品的批发商，或者某宾馆老板为了改善宾馆服务水平而购买的电视机，他是顾客但不是消费者。

（3）用户。用户的概念则更加广泛，既包括消费者和顾客，也包括具体产品或服务的操作者。例如，商场的结算系统，它的用户既包括来商场购物的顾客或消费者，也包括实际操作系统的工作人员。

Living Lab 中用户的概念是第三类人员，涉及的范围比较广泛。

1. 根据内容的分类

深入理解用户知识内容，可以有效促进创新的质量和效率。根据用户知识的内容特征，可以从具体到综合抽象的原则进行研究。从具体的知识内容来说，用户的知识包括用户特征、用户行为特征、用户对产品或服务的理解和感受等，从这些具体知识内容可以总结出个体用户的需求，在此基础上再抽象出用户群体的需求。

可见，从内容上来看，用户知识的最终目标是需求，为了获得用户的需求，需要对用户属性、用户行为特征、用户经验、用户体验、用户要求等最终知识内容进行深入分析，如图 4.1 所示。

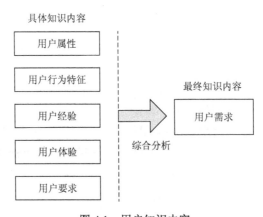

图 4.1　用户知识内容

　　实际上，对用户需求的分析与总结不是一个轻而易举的过程，对用户需求的准确描述，需要对用户需求进行更加深入的分析。Patnaik 和 Becker[139]对用户需求的总结过程提出了几条建议，分别是：①找寻用户需求而不是专门的解决方案；②研究与设计环节实现无缝化结合；③进入用户所在环境；④避免过于关注直接解决某特定问题；⑤让用户决定研发日程；⑥注重数据收集技术；⑦尽量让结果直观、规范，尽量实现可视化；⑧分析过程应进行多次循环。

　　对用户的需求可以继续分解，如根据需求的阶段，可以分为当前的需求与未来可能的需求，未来可能的需求对于创新更有意义，在用户需求变化越来越频繁的今天，准确预测用户需求的变动趋势无疑有更大的意义。Patnaik 对此做了相应的描述，他认为并不是所有的需求都需要同时去满足，用户希望达成的目标与自己的生活状态息息相关，差异很大。某些需求与当前某些方案相关，当出现新解决方案时这些需求就会消失；某些需求是由于旧的需求被满足而产生的新需求，普遍需求则是由于某些问题长期存在无法用单一手段进行解决。可见需求可以从当前技术状态、情境和行为特征来进行分类。Patnaik 把用户需求分为四大类，分别是：基本需求、行为需求、情境需求和一般需求，各类需求特征如表 4.1 所示。

表 4.1　需求分类及特征表

分类	基本需求	行为需求	情境需求	一般需求
源于	由存在解决方案的问题引发	由特定行为引发	人们日常生活、工作环境引发的结果，有目标导向	所有人的需求
存在	使用相同、相近解决方案的所有人都有此需求	希望做某事的人有同样需求	相同情境中的人有相同需求	基础、普遍需求
解决	重新设计解决方案	抛弃当前方案	改变情境要素或改变整个情境	产生更为紧迫的需求
感知	可以感知	可以感知	不能马上感知	可以感知
描述	变化情况	先行产品或服务解决方案	环境不变则需求不变	难以描述
满足	新特征新功能	新功能新成员	新成员系统解决方案	系统解决方案

　　用户需求的多样化使得产品或服务商需要更加仔细、深入地去观察、研究用户群体的内在需求情况。公司可以马上采取一些相对简单的措施来很快满足用户的基本需求，如对产品或服务进行改进；而对于行为需求与情境需求，则需要付出更为复杂、艰苦的努力；公司需要制定长期战略部署来应对一般需求。

2. 根据性质的分类

本书采用波兰尼的知识二分法，可将用户知识分为显性知识和隐性知识，这其实是一种根据知识的可表达性与可获取性进行的分类。Castillo[140]从四个特性来对隐性知识进行表征，实际上，这四个特性可以转化为对所有知识进行分类的维度，分别是表达性（epistle）——知识能否用语言文字等工具被清晰地表达出来，或者表达的清晰程度；情境性（socio-cultural）——知识的表达对特定环境、社会文化、专业背景的依赖程度；语义性（semantic）——知识对某特定群体是可理解的，而对其他群体难以理解；洞察力性（sagacious）——知识与一种无意识的洞察力或心智模式相关联的程度，这种关联能让个体从现有知识中实现创新。高章存和汤书昆[141]在此基础上采用认知心理学的分析方法，指出在显性知识与隐性知识之间并没有一个绝对的鸿沟，提出了灰色知识的概念，灰色知识既非显性知识又非隐性知识，而是一种介于两者之间的知识。本书借鉴他的观点，根据知识的可编码性与可表达性，以及知识转移的难易程度，对知识进行再次划分，将用户知识分为四种状态：显性知识、潜显性知识、潜隐性知识、隐性知识。

（1）显性知识。用户显性知识指可以编码、可以被用户用语言准确叙述的知识，知识的阐述不需要借助特定的情境，可以被知识接收者非常准确地理解。可表达性强，情境性、语义性和洞察力性弱。

（2）潜显性知识。用户潜显性知识大部分可以编码，但存在部分模糊知识或与情境相关联的知识，难以用语言准确表达，对知识的准确把握需要一定的背景知识，有一定的语义性，需要一定的洞察力，知识接收者可能会产生一些误解，或者知识在转移过程中会发生一些损耗。

（3）潜隐性知识。用户潜隐性知识指部分可以编码，但大部分难以表达，有比较强的情境性，需要结合一定的情境方可增强对此知识的理解，或者需要与实践相结合，置身于某种环境方可理解，需要知识接收者有较强的洞察力，语义性与洞察力性较强，在知识转移过程中会发生较大的损耗。

（4）隐性知识。隐性知识是那些无法编码、无法用语言表达的知识，可能是用户的一些技巧，与用户信念或判断力紧密相关，深嵌于用户情境之中，必须应用类比、比喻、情境模拟等方式进行初步表达。这类知识难以通过常规渠道转移，需要通过双方面对面的互动，辅之以一些专门手段方可转移。具有很强的情境性、语义性与洞察力性。

这样，用户的全部知识可以用如下公式来表示：

$$K_U = K_E + K_{EW} + K_{TW} + K_T \tag{4.1}$$

其中，K_E 代表显性知识；K_{EW} 代表潜显性知识；K_{TW} 代表潜隐性知识；K_T 代表隐性知识。

在用户知识的转移中，知识接收者得到的知识总量是用户知识函数，公式为

$$K_R = f(K_U) = \sum Kd$$
$$= K_E d_e + K_{EW} d_{ew} + K_{TW} d_{tw} + K_T d_t$$

(4.2)

其中，d 为知识转移中的损耗系数，从而有

$$0 < d < 1,\ d_e < d_{ew} < d_{tw} < d_t$$

3. 根据层次的分类

从知识载体或知识的层次来划分，用户知识可以分为用户个体知识与用户群体知识。用户个体知识指某个用户拥有的知识，具有个体化特征，对于相同的事物，用户间有不同的感受，认识的深度不同，广度也不同，知识存在明显的差异性。

用户群体知识可以认为是个体知识的有机整合，具有一般性和综合性。用户群体知识的形成有两种方式：一种方式是个体之间经过交流，知识可以在全天间共享，形成群体知识；另一种方式是通过对个体知识的研究归纳，总结出具有群体共同特征的知识。

4. 根据获取方式的分类

根据获取方式，可以将用户的知识分为主动知识和被动知识。

用户的主动知识是用户拥有的知识，用户本身能够感知到这些知识，通过访谈等形式，用户的知识可以向其他知识寻求者转移，用户知识的转移过程是"主动"的，用户可以对知识转移的过程和程度进行调节。主动知识的表现形式有用户的喜好、用户的某些需求等，用户的主动知识也会涵盖从显性知识到隐性知识的领域，相对来说，显性知识所占的比例会较被动知识更大一些。

用户的被动知识是关于用户的知识，用户本身对这类知识不一定有感知，但属于客观存在的知识。用户无法主动向知识需求者转移这些知识，对这类知识的获取主动权就落到了知识寻求者一方，所以称之为用户的"被动知识"。可见，用户的被动知识中，隐性知识会占相当大的比例。对于用户被动知识的获取，需要知识寻求者应用行为研究方法和数据分析方法，进行综合归纳和总结。

基于获取方式将用户知识分为主动知识在 Living Lab 的研究中具有明显的实际意义，在以下的内容中将对这两种知识的获取手段进行深入的分析。

4.1.2　用户主动知识的获取手段

由于用户主动知识内容与性质的多样性和复杂性，获取用户知识存在一些困难与障碍，必须借助技术手段与组织方法，为用户知识的转移提供方法和途径。

一些研究者曾经认为，对用户进行面对面或书面的访谈就能够比较容易得到

用户的知识，实践证明这是"一厢情愿"。研究发现，用户在表达他们的需求方面存在着一些困难，某些用户可能确实存在某种需求，但用户本身却并未意识到这种需求，在一些案例中，用户则对自己的需求无法用语言准确地表达出来；某些用户知道自己有某方面的需求，但由于种种原因，在一些场合他却总是"忘记"把这种需求告诉研究人员。

　　另外一种情况是研究人员过早地将用户带入自己的研究环境中，结果使得用户在浓厚的"研究设计"氛围中无法正确表达自己的需求（这一点在后面的案例中会有叙述）。用户在过早的"研究设计"氛围中分不清需求、要求和解决方案的区别，如前文所述，用户需求是个复杂的概念，存在不同的层次和表现形式，所以对用户需求的探究必须与用户的日常生活和习惯紧密结合。

　　基于以上理念，Living Lab 在不同的阶段会采用不同的方法和工具，这些方法既包括传统的方法，也包括应用信息通信技术的信息化方法。本书在参考相关文献及自身工作实践基础上，对此进行了总结，如表 4.2 所示。当然实际所用的方法和工具更多，不限于表 4.2 中所列的项目。

表 4.2　Living Lab 创新过程中用户参与的方法与工具

序号	阶段		方法与工具
1	创意收集	传统方法	文献查阅法、头脑风暴法、用户调查法、领先用户创意收集
		信息通信技术方法	在线创意收集、在线访谈
2	需求分析	传统方法	顾客抱怨、用户访谈、焦点小组、故事讲述、用户建议
		信息通信技术方法	在线访谈、在线群组
3	原型开发	传统方法	联合分析、质量功能展开（quality function deployment，QFD）、用户设计
		信息通信技术方法	计算机辅助联合分析、开源设计
4	原型测试	传统方法	现场测试（流程测试、可用性测试、环境测试等）、角色扮演、分解试验、潜在失效模式与后果分析（failure mode and effects analysis，FMEA）、用户行为观察
		信息通信技术方法	测试床、虚拟现实、模拟体验
5	改进与验证	传统方法	用户设计、合作设计、关键点改进
		信息通信技术方法	快速组件模型、虚拟开发、可视化技术、信息环境下用户参与设计
6	正式开发	传统方法	现场开发、工程竞赛、用户参与制造
		信息通信技术方法	计算机辅助设计（computer aided design，CAD）、计算机辅助教学（computer aided instruction，CAI）、计算机辅助开发
7	商业化阶段	传统方法	最终产品测试、市场试验、前期用户反馈
		信息通信技术方法	时间效果分析、虚拟市场测试、增长预测

通过对这些方法进行归纳，可以看出 Living Lab 在很多方面对用户知识的转移有正面作用。

（1）增加知识的密度与展示时间。Living Lab 比较重视信息通信技术的应用，提倡应用信息化的方法和工具，提供信息记录与存储功能，很多方法包括可视化功能。通过用户知识的存储，可以在一定的区位增加知识密度和展示时间。根据知识势能与知识势差理论，当在某一时点（或某一时间区段），两个个体、组织或区域之间存在知识能级状态的距离时，就会发生知识转移或知识流动[142]。两个个体或组织间知识势差越大，这个流动的动力就越大。对于知识势差的产生，一方面是由于异质性知识源的存在，个体间或组织间知识的异质性越明显，势差越大；另一方面是知识源某类知识的密度，知识密度越大，向外扩散的趋势就会越明显。用户知识一直是科研人员梦寐以求的内容，两类人员之间存在明显的知识异质性，Living Lab 提供的方法和工具明显地增加了局部用户知识的密度，从而会极大地促进用户知识的转移。

（2）提高用户与其他人员互动的频率。用户知识同时包括显性知识和隐性知识，显性知识的转移比较容易进行，可以通过访谈、书面交流、调查表等方式有效进行。实际上，隐性知识对创新来说起着尤为重要的作用，隐性知识从技术层面来看，包括非正式的、难以表达的技能、技巧和诀窍；从认识层面来看，包括心智模式、信念、洞察力和价值观等[143]。由于隐性知识往往嵌入在个体、工具、工作流程和一定的社会关系之中，具有很高的情境和历史依赖性[144]。对于隐性知识来说，最好的转移渠道还是人与人之间的相互接触和交流，或者长时间的潜移默化，如师傅带徒弟的方式。很多研究发现，隐性知识的转移属于接触性传播，接触率是一个至关重要的因素。在实际生活实践中，提高面对面的接触率是一件非常困难的事情，也会伴随较高的经济成本和较长的时间，这和现代创新要求相违背。Living Lab 提倡应用信息通信技术手段打造虚拟接触环境，用虚拟接触替代部分实体接触，从而提高用户与科研开发人员的接触率和接触面，促进隐性知识的转移。当然，高密度的接触对于显性知识的转移也是非常有利的。

（3）促进隐性知识的显性化。根据前面的分析可以看到，随着隐性知识逐步向显性知识转化，其转移速率和转移质量也会随之增强。Konaka 提出用比喻、类比的方法实现隐性知识的显性化，但在实践中，隐性知识的显性化存在技术与感知两个主要途径。技术途径是指利用技术手段将原来不清楚的知识进行明晰化，或者用多媒体、可视化技术实现知识的多方面展示，便于知识接收者的理解；感知途径主要是通过构建相应的情境，增强知识转化者的注意力、理解力、思考力、表达力，或者增强知识转化者的沟通意愿，实现知识的显性化。实际上，Living Lab 中的很多方法和工具都有利于隐性知识向显性知识转化，如信息技术、可视化技术、虚拟现实技术等。一方面可以通过技术手段逐步加强隐性知识的可表征性；

另一方面可以增强双方的感知能力，从而实现隐性知识的显性化。

4.1.3　用户被动知识的获取手段

用户被动知识是关于用户的知识，是用户的个体行为和群体行为所表现出的特征，这些特征与用户的需求息息相关，在现代信息通信技术越来越成熟完善的背景下，Living Lab 对用户被动知识的获取手段主要有两类：用户行为研究方法和用户数据归纳方法，当然这两种方法在实际应用中是相辅相成的。

1. 用户行为研究方法

用户行为研究属于行为科学。行为科学源于 20 世纪 20 年代末 30 年代初的霍桑实验。广义上，行为科学是指用于科学观察、实验、调查、测验等方法研究人或者动物行为的科学群，包括心理学、经济学、教育学、法律学、经营学、生理学、社会学、精神医学等学科。同时，美国《管理百科全书》将行为科学定义为："行为科学是运用自然科学的实验和观察方法，研究自然和社会环境中人的行为及低级动物行为的科学，已经确认的学科包括心理学、社会学、社会人类学和其他学科类似的观点和方法。"[145]而狭义的行为科学是现代管理科学的重要组成部分，主要应用心理学、社会学、人类学及其他相关学科的成果，运用田野调查法、实验观察法、访谈法等研究组织中某个群体或个人的行为特征，研究影响行为的因素，归纳其行为规律，以便对行为进行理解、预测和控制[146]。

根据研究对象和研究工具的发展，行为科学方法的发展历程可以分为两个阶段——传统研究阶段和现代行为研究阶段。

在传统研究阶段，主要应用传统的研究方法进行，需要研究者与研究对象进行直接接触，主要包括实地观察法、调查法、实验法、测验法和个案研究法等方法；调查法又可以分为问卷调查、访谈等[147]。根据数据收集技术可将上述的研究方法分为两大类：一类是定性方法，主要对研究主体进行访谈类调查，并建立分析模型或定义变量；另一类是定量的方法，主要进行客观数据观测，可通过统计分析的方法测试变量间的关系[148]。

随着时代的发展，行为研究内容越来越复杂，研究对象的数量也越来越多，使用传统研究方法由于受众的有限性、信息的片段性、数据的不完全性等难以准确、直观、客观地反映出用户的特征与需求。随着现代信息通信技术的飞速发展，特别是 Web2.0、可视化工具、即时通信工具、物联网技术出现，行为研究也就进入了一个新的阶段。用户行为研究方法在传统手段的基础上，开始大规模应用现代网络技术、现代通信技术和物联网技术，大大提高了研究的深度和广度，能够更加系统、全面、真实地反映研究对象的行为特征。

在创新 2.0 时代, 基于需求的多样性和动态性, 产品与服务的设计已经不再依赖于大规模标准化生产来实现成本上的优势, 每一个客户都是产品或服务提供商的研究对象, 每个用户的需求特征都是企业推出"私人订制"业务的依据。现有很多 Living Lab 案例通过应用现代信息通信技术, 实现对用户行为数据的收集, 在此基础上研究具有明显用户特征的产品与服务。

2. 用户数据归纳方法

随着互联网及网络营销学的发展, 用户相关的研究也逐渐增多, 用户行为研究方法除传统的研究方法外, 还包括系统日记分析、数据挖掘方法等使用网络技术的方法[149]。使用传统研究方法的用户研究其受众的有限性、信息的片段性、数据的不完全性等难以准确、直观、客观地反映出用户的特征与需求。而使用网络技术的用户行为分析法的兴起恰恰弥补了传统方法的这些不足, 使用网络技术的用户行为分析法当前主要应用于网络营销等领域, 如目前很多电子商务系统都在对用户访问购买等行为进行记录分析, 试图能够建立针对个体的网络营销策略, 或者发现营销中的问题, 并进行改进。这些方法的使用都离不开一个基础——大数据。

麦肯锡全球研究院是较早研究大数据的机构, 该机构认为大数据是不能在某个给定时间段内应用传统的数据管理技术实现获取、管理和处理的数据集合[150], 大数据的特性包括数据大容量性、产生的快速性、数据的多样性等[151]。大数据时代的到来为创新模式变革提供了启发, 在大数据技术的支持下, 可以更有效地研发突破性技术、提供个性化的服务和产品、促进技术应用领域转移、拓展用户参与创新的机会[152]。

Living Lab 正是基于信息通信技术用户行为分析法在日常生活中应用的重要基础理论方法, 是大数据时代行为研究方法中的一种。Living Lab 是在真实生活中的, 对用户行为进行数天或者数星期的观察, 了解用户的需求, 并提出优化方案的一种创新性的研究模式[153]。Living Lab 可以在日常生活中研究用户的心理行为特征等, 通过长期的数据跟踪和对用户行为的观察, 可以更准确地获得用户的信息, 以及他们的心理行为习惯与服务需求[154]。

4.2 用户知识获取情境影响因素分析

通过对 Living Lab 本质特征的分析可知, Living Lab 是一种用户参与的情境创新模式, 要研究其中用户知识的获取机理, 就必须搞清情境因素及其对用户知识的作用机理, 本节试图通过构建用户知识获取情境影响因素模型, 并通过实证分析, 研究情境因素在用户知识获取中的作用。

Living Lab 在中国实践的时间并不长, 开展过 Living Lab 项目的机构主要分布在北京，主导与发起者主要有北京邮电大学、北京市科学技术研究院（Beijing Academy of Science and Technology，BJAST）等机构，参加者主要有高校、科研机构和企业、信息技术支持机构等。BJAST 的 Living Lab 是由科研机构发起，德国和芬兰一些研究机构和高校共同参与，主旨是为北京市老年人设计优秀的服务产品，项目从 2008 年起，已开展多年，笔者以研究人员的身份从 2011 年起参与了 BJAST 的 Living Lab 项目，实证研究主要依托这些项目展开。

4.2.1　用户知识获取情境影响因素

在对知识转移的研究过程中，许多学者提出了知识转移的理论模型，比较典型的是 Szulanski 提出的四阶段模型，还有 Gillert 和 Cordey 提出的五阶段模型，其他人也基于不同视角提出了其他一些模型分析框架。这些模型中包含知识转移主体、转移渠道、转移机制等内容，也对影响知识转移的因素进行了总结。用户知识转移是用户创新和知识创造的前奏，为促进知识的创造，本书需要对影响用户知识向 Living Lab 其他主体转移的各种因素进行分析、筛选和评估，以发现 Living Lab 中各因素影响知识转移的机理及影响的程度。情境打造是 Living Lab 的典型特征，Cummings 和 Teng 提出的知识转移情境九因素模型是非常有代表性的分析框架，该模型涵盖了知识输出端、知识接收端、知识转移渠道、知识转移活动等多个情境，覆盖面比较全，假设合理，具有较高的科学性，得到了相关专家的广泛认同，所以本书采用其作为用户知识转移的分析基础。

1. 知识转移情境模型概述

20 世纪 90 年代以来，随着信息技术的快速发展，社会结构与生产结构都发生了巨大变化，协作创新逐步替代了封闭式自我创新模式，知识在组织间及组织内的转移效果成为决定创新成效的重要因素。很多人研究了在创新情境影响知识转移的因素，其中 Cummings 和 Teng[155]于 2003 年提出的知识转移情境因素模型给出了一个合理的分析框架，由于分析全面、逻辑科学而得到了很多学者的认可，后期有很多研究基于此模型展开。

Cummings 把知识转移分为四个情境，知识情境、相关情境、转移活动情境及知识接收者情境，包含九个影响因素，其分析框架如图 4.2 所示。

知识转移分为四个情境，知识情境、相关情境、转移活动情境及知识接收者情境。

1）知识情境

知识情境指知识来源所拥有的情境特征，知识转移的第一步就是要找到合适的知识源，研究知识源的知识特征和拥有者特征。包括三个因素：转移意愿、可表达性、嵌入性。

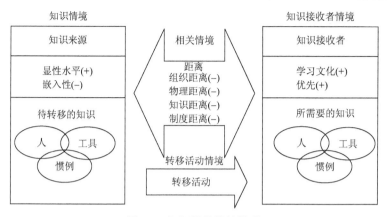

图 4.2　知识转移情境模型

　　转移意愿指知识源是否有把知识转移给对方的动机及这种动机的强烈程度。当知识的转出可以为知识所有者带来某种收益或者某些情感上、心理上的满足，这些收益可以抵消知识转出给知识拥有者带来的威胁或损失时，知识拥有者才可能拥有知识转移的意愿。

　　可表达性是影响知识成功转移的一个重要因素，是指知识能否用语言、文字、图表、数据等形式准确地表征出来。研究证明可表达性强的知识比可表达性弱的知识具有更高的转移速率与转移效果。按照 Polanyi 的观点，隐性知识难以表达，"人们知道的远比他能够说出来的多得多"，而显性知识是很容易表达的。由于隐性知识具有较高模糊性与个人性，难以在个体之间进行交流、转移，应当依靠专门的渠道、技术手段或努力把隐性知识向显性知识转化。

　　嵌入性是知识的重要认知特征，知识与某些对象紧密结合，难以分离，嵌入性代表着知识的准确认知，需要把握知识分布结构、知识分布位置等特征，需要对知识存在分系统进行吸收、调整、整体采用方可得到相应的知识。根据 Argote 和 Ingram[156]的观点，知识可以嵌入在人、工具和惯例之中。Prahalad 就曾经指出，美国企业无法复制索尼公司的微观知识就是因为这些知识深深地嵌入在索尼公司的地点、资产、专门设备、人力资源和组织惯例之中。

　　2）相关情境

　　通过查阅有关新产品开发的文献可以发现，在组织、功能、地理等层面都有阻碍知识转移的障碍存在。这些都可以归结为知识转移的相关情境因素，Cummings 归结为四种距离，分别是组织距离、物理距离、知识距离和制度距离。

　　组织距离是指知识转移中所需要经过的组织模式，包括组织内关系、战略联盟、组织网络结构等因素。知识转移双方在组织结构方面的距离越大，两者进行紧密对接的困难也就越大，知识转移也就越困难。处于具有更紧密组织关系的成员之间会有较强的信任关系，有利于知识的转移。例如，处于松散组织联盟间的成员知识交流会有困难，而处于紧密联盟间的成员知识交流就会容易一些，而处于同一企业内的成员知识转移就容易多了。可见组织距离核心还是习惯与心理方面的距离，本书研究领域是对用户知识的获取，不会涉及组织联盟问题，所以本书在这里选取情感距离来代替组织距离。

物理距离是指使知识转移双方实现面对面交流所面临的困难和障碍。这些困难和障碍可能是地理上的因素，也可能是技术方面的制约。物理距离越大，双方实现面对面交流的机会就越小，知识转移也就越困难。

知识距离指知识转移双方拥有知识内容的相似程度。人们学习新知识的基础是他拥有的既有知识，知识转移双方的既有知识相似度越高，两者就越能互相理解，知识转移就越容易。对于知识接收者来说，与知识源有更多的共有知识，一方面能够更清楚知识源的知识种类和知识量，具有更强的选择能力；另一方面能够更容易地理解和吸收知识源的知识。

制度距离指知识转移双方拥有的组织文化与价值观方面的差异，包括各种制度和惯例。组织文化与价值观的差异影响着知识转移的难易，相似的组织文化与价值观能够促进双方的平稳合作，文化与规范惯例决定了在某个地方什么东西可以接受，什么东西不能接受，一般的规范不仅能够让双方预测对方的行为，也能保证双方有一个都能接受的知识转移渠道。

3）转移活动情境

转移活动情境主要是知识转移的机制问题。目前研究的知识转移机制有很多方面，如知识转移的阶段或步骤、知识转移的具体实现方式、知识转移的激励等。本书认为，转移活动情境的表征因素应为如何促进知识转移的效率和效果，属于知识治理范畴，包括知识转移的机理制度、技术手段等方面。

4）知识接收者情境

从知识接收者角度来看，知识接收者学习新知识的意愿、努力程度和学习方式也极大地影响着知识转移的效果和速率。知识接收者情境包括两个因素：学习文化和优先权。

研究表明，个人或组织的学习态度和努力程度对知识的转移有很大影响。学习文化包括学习的氛围、学习的投入、对学习的鼓励程度、对学习失败的容忍等方面。知识接收者学习意愿越强，学习越深入，越能够得到更多的知识，学到最适合的知识。

对组织来说，在知识转移时会同时面临着多种选择和决策，所以知识的优先权也是知识接收者情境中的重要因素。组织如果将知识的吸收作为诸多工作中的优先事物，知识转移也就会获得更强的动机和支持。

Cummings 提出的知识转移情境因素分析模型假设合理，模块分解具有较高的科学性，模型提出以来，得到了广泛关注，很多人基于此模型进行了实证分析，如马俊等[157]就用该模型对基于知识转移情境的知识转移成本影响因素进行了研究。

2. 模型改造

Cummings 的知识转移情境因素分析模型作为一个分析框架，具有全面性、科学性与系统性的特点，但这个模型基本假设还是主要以组织间知识转移为研究对象的，本书所研究的用户知识转移是以个体间转移为主要形式的，与组织间知识转移在知识源情境、相关情境、接收方情境和转移活动情境存在诸多不同，所以需要对原模型进行改造。本书仍然采用四个情境模块的框架，根据个体知识转移情境的实际特点对相关因素进行重新选择。

从知识情境来看，提出的框架中知识源一般被认为是具有高密度知识存储量的个人和组织，隐含着具有天然知识转移动机，故原模型中没有提到知识源的转移意愿或转移动机问题。用户知识转移往往不是一个主动的行为，用户知识的转移意愿对知识转移有直接影响。与组织知识不同，用户知识在载体与表现形式方面比较简单，知识的嵌入性并不明显，本书用转移意愿因素来代替嵌入性因素。

对于相关情境，知识转移情境因素分析模型给出的是距离因素和转移活动因素，本书把距离因素中的组织因素改为心理（情感）距离，主要用信任度来衡量。对于个体间知识转移来说，制度距离意义不大，所以本书把制度距离去掉，保留三个距离因素。

转移活动情境是指为促进知识转移的各种措施与活动，原模型主要是指各种转移机制和激励措施，这里本书用双方的接触活动频率与环境来衡量。

用户知识的接收者是 Living Lab 中的创新团队成员，对于接收者情境，本书用接收者学习能力来衡量，包括知识选择能力与知识归纳能力。这样，原模型在保留大体框架的情况下，改造为一个 8 个因素模型，如图 4.3 所示。

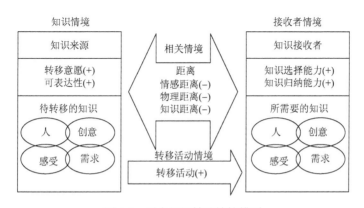

图 4.3　用户知识转移情境模型

+为对结果为正向影响，正相关；−为与结果（评价指标）为负相关，是负向影响因素

图 4.3 中包含 8 个影响因素，每个因素后面的极性符号表示因素对用户知识转移的影响方向。

本书借鉴 Cummings 的知识转移情境因素分析模型的总体框架，总体上仍然延续其分析原理，结合 Living Lab 中用户知识转移的实际情况，重新调整归纳了影响因素，改进后的模型在继承原模型的科学假设基础上，提高了针对用户知识转移的适应性，成为本书进一步研究 Living Lab 中用户知识获取机理的基础。

4.2.2　研究任务、过程与方法

1. 研究任务

实证研究主要包含两个任务：一是研究 Living Lab 方法对 8 个情境因素的影响，二是对 8 个情境因素对用户知识获取的影响方向和影响程度进行验证，并研究其作用机理。在此基础上对用户知识转移的途径和总体机理进行解释。

对于任务一，本书提出 8 个假设。

假设 4.1　Living Lab 方法能够提高用户知识转移意愿。

假设 4.2　Living Lab 方法能够提高用户知识显性化水平（Living Lab 方法能够促进隐性知识的显性化）。

假设 4.3　Living Lab 方法能够缩短科研人员与用户的情感（心理）距离。

假设 4.4　Living Lab 方法能够缩短科研人员与用户的物理距离。

假设 4.5　Living Lab 方法能够缩短科研人员与用户的知识距离。

假设 4.6　Living Lab 方法能够提高知识转移活动。

假设 4.7　Living Lab 方法能够提高知识接收者的知识选择能力。

假设 4.8　Living Lab 方法能够提高知识接收者的知识归纳能力。

对于第二个任务，本书一方面验证这 8 个情境因素对知识转移效果的影响方向；另一方面研究情境因素中敏感因素，基于此推导 Living Lab 中用户知识转移机理。

2. 数据与来源

为了完成上述研究任务，需要收集上述 8 个影响因素的数据，另外还有与之相对应的知识获取效果的数据，在这里可以把 8 个影响因素列为自变量，把知识获取效果列为因变量。为了获得这些数据，研究者应用了多种方法和工具。数据的获取主要依托笔者参与的 BJAST Living Lab 项目。

本书需要通过对三类人员的调查获取这些数据：第一类人员为 BJAST Living Lab 中的用户；第二类为参与 BJAST Living Lab 的各类科研人员和技术人员；第三类为 Living Lab 的国内外专家。BJAST Living Lab 的建设过程经历了一个摸索起步到逐步成熟的过程,相关技术平台和研究工具逐步完善,所以对于参与 BJAST Living Lab 的用户和科研人员,本书根据调查资料的时间分为三个阶段:第一阶段定义为 Living Lab 发起阶段;第二阶段为 Living Lab 进展阶段;第三阶段为 Living Lab 方法逐步成熟阶段。

首先需要对 8 个自变量进行衡量,收集关于这 8 个自变量的数据。用户知识转移意愿需要通过对用户的调查得到;转移活动、知识选择能力、知识归纳能力需要知识接收者提供数据;而知识显性化水平、情感(心理)距离、物理距离、知识距离需要同时对知识转移双方进行调查方可确定。用户知识转移意愿采用用户参与动机、积极性来衡量;知识显性化水平用可表达程度和被理解程度来衡量;情感(心理)距离主要用双方信任程度来衡量;根据大多数专家的观点,物理距离是指知识转移双方在地理位置上的远近,由于现代信息技术的发展,实现面对面的交流并不需要各主体在地理位置上的移动,虽然很多专家提出通过各种视频交流的效果不如当面交流,一些专家甚至否定信息通信技术可以缩短物理距离,但根据笔者的经验,认为线上交流技术和模拟技术在近几年得到了突飞猛进的发展,两种交流方式的效果差距正在急剧缩小,所以对于物理距离的衡量,本书采用折中的办法进行,一个分指标仍然采用地理距离,另一个分指标采用相关费用,如交通费用、住宿费用等的减少程度来衡量;对于知识距离本书依然按照很多文献的惯例,采用双方知识的重合度来衡量;转移活动用强度和频次来测度;知识选择能力、知识归纳能力依靠科研人员的主观判断。这 8 个自变量的测度内容与方法如表 4.3 所示。

表 4.3 影响因素测度内容与方法

因素	衡量指标	访谈(调查)对象	方法
用户知识转移意愿	转移动机 积极性 真实性	用户(包括最终用户、中间用户和支持人员)	半结构访谈 资料分析 专家打分
知识显性化水平	表达准确性 表达完备性 借助工具强度 理解程度	用户 科研人员(知识接收者)	半结构访谈 科研人员打分
情感(心理)距离	信任程度 亲近感 心理戒备(自我保护程度)	用户 科研人员(知识接收者)	半结构访谈 资料分析 专家打分
物理距离	地理距离 交通、住宿费用	用户 科研人员(知识接收者)	半结构访谈 资料分析 专家打分
知识距离	教育背景 专业技能 生活经历	用户 科研人员(知识接收者)	半结构访谈 专家打分

因素	衡量指标	访谈（调查）对象	方法
转移活动	频度 深度	科研人员（知识接收者）	网上调查
知识选择能力	科研人员选择正确知识的能力，依靠科研人员的自我判断	科研人员（知识接收者）	网上调查
知识归纳能力	科研人员根据观察数据归纳知识的能力，依靠科研人员的自我判断	科研人员（知识接收者）	网上调查

3. 基础数据获取过程

在研究的初期，本书就着手对用户参加 Living Lab 的感受和态度进行相关调研，包括对用户的需求调研，为此本书设计了相应的调查问卷和标准化量表，请用户填写。得益于严密的组织、社区工作人员的大力协助，调查问卷的填写比例与收回比例都比较高，但对问卷数据进行录入和分析后，发现数据的信度和效度都很不可靠。问卷调查失败的原因是多方面的，首先是项目研究的最终用户是老年人、社区工作人员和社区医务人员，老年人群体文化水平、理解能力和参与意识存在很大差异，一些用户对问卷问题很难完全理解，造成答卷不准确，社区工作人员平时工做很忙，对问卷重视程度不够，试卷填写质量难以控制；其次是为了提高问卷回收率，在问卷调查中通常都会向问卷填写者提供一些小礼品，同时一些用户将研究人员混同于政府工作人员，结果用户在填写调查问卷时由于"感恩"心理不自觉地"说谎"，如针对你是否认同研究意义或者你是否愿意配合研究工作、提供需求信息之类的问题，几乎所有的用户都会选择非常正面积极的答案，而这与研究人员的观察数据不相符合；最后是由于 Living Lab 中用户知识转移问题是个新生事物，量表很难在短时间内做到科学设计，用户对量表中问题的自身判断存在偏差，结果导致数据的一致性与可比性较差，影响后期的数据测评结果。事实证明，问卷调查式的信息收集过程不符合 Living Lab 的基本理念，难以获得准确信息，对 Living Lab 运行机理的研究，更要采取 Living Lab 的研究方法，如田野调查、行为观察等方法。

针对问卷调查出现的问题，研究人员及时修正了数据收集方法，主要依托半结构的访谈方式进行数据获取。在 BJAST Living Lab 项目进行期间，从多个社区选取了 60 名老年用户参与各项产品与服务的研发工作，并聘请了其中 10 名老年用户为客座研究员，实际作为领先用户参与研究工作，进入核心创新团队，同时还有 3 名社区工作人员和 5 名社区医务人员也以用户身份参与各项产品与服务的研发工作。针对老年领先用户，建立了定期交流例会制度，每两周进行一次面对面的交流活动，针对某些问题进行讨论，这种交流活动成为研究人员进行访谈的绝好机会，应用 Living Lab 项目配套的记录设备，每次访谈都留下了翔实的记录资料，这些记录资料不仅包括发言记录，还包括用户的出勤、态度及一些行为数据。通过几年的积累，形成了很有价值的用户访谈资料，这些资料成为分析数据的重要来源。在某些数据缺失的情况下，还可以在不长的时间内进行补充访谈，从而补足数据。

而对于科研人员群体，则主要利用网上访谈和网上问卷调查的方式，要求参与用户交流的人员就二级指标和交流效果给出评价。由于科研人员具有较高的教育背景，有认真的工作态度，特别是对 Living Lab 工作机理研究有浓厚的兴趣，有提供真实评价的动机，所以笔者认为数据可信度非常高。

4. 评价方法

在 BJAST Living Lab 的创新过程中，经历了多个具体的产品或服务研发过程，数十名用户和科研人员参与了这些研发工作。在不同的阶段和不同的研发项目中对用户和科研人员进行调查，可以形成基础数据和记录资料。本书需要针对 8 个影响因素和交流效果进行科学测度，测度方法主要采用间接法与直接法两种方法。间接法主要针对用户群体，如每次交流访谈都会留下用户的发言情况和一些行为数据，这些内容就成为判别这个用户知识转移意愿的重要依据。直接法主要针对科研群体，直接让科研人员针对某阶段的用户交流给出自己的判断，填写相关量表。通过对现有基础资料的整理，加上对 Living Lab 科研人员的网上调查，得到 8 个自变量和一个因变量的较完整数据共 134 组，在此基础上交付专家进行综合打分。

1）专家的选取过程

对于专家的选取过程基于几个原则，首先是熟悉 Living Lab 方法，具有专业性；其次是优先选取参加过前期用户访谈工作，熟悉用户知识获取过程；再次是自愿原则，对本次研究具有浓厚的兴趣，能够付出较大的精力，保证工作的顺利进行；最后是兼顾全面性，专家来源尽量分布在不同的专业领域。基于这些原则，本次评价选取 5 位专家进行打分，其中 4 位参加过前期的用户访谈或用户行为观察活动，另一位是本领域的优秀学者，具有一定的学术权威。

2）专家的打分过程

专家打分是一个重要的步骤，专家打分的准确性直接影响分析结果。为减少工作量，专家只对涉及用户的相关变量进行打分，根据用户的自我描述和统计资料，针对每一个变量给出一个综合评价，并对分数进行归一化处理。而对于科研群体，则可要求其进行直接打分并采用，评价结果也进行归一化处理，从而使得每个群体得分无量纲化，具有可比性。一些影响因素同时具有用户与科研人员的评价，则用公式 $P = \omega_1 u + \omega_2 e$ 来确定综合得分，ω_1 与 ω_2 为权重系数，可由专家给出，$\omega_1 + \omega_2 = 1$。

专家在打分的时候采取五级制，也就是针对每一个指标，将所有组的数据给出相应的等级，如（A，B，C，D，E）中的某个等级。为保证数据的可比性与一致性，采取两阶段的打分方法，第一阶段是面对面的打分过程，在对任何指标进行打分时，首先由专家集体商讨后投票选出 A 档和 E 档的代表性数据，其次集体选出 C 档的若干代表性数据，为以后的打分过程给出标杆，从而保证数据的一致性。第二阶段是背对背的打分过程，每个专家根据自己的判断对相关数据进行打分。

利用综合评价数据，通过方差分析比较 Living Lab 三个阶段各因素的变化情况，判别 Living Lab 方法是否对各因素有明显的影响，然后综合应用回归分析、因子分析方法研究各因素对隐性知识和显性知识转移效果的影响，提取主要影响因子，从而归纳出 Living Lab 中用户知识的转移机理。

4.2.3　Living Lab 模式对情境因素的影响分析

1. 配对样本的均值检验

BJAST Living Lab 经历了一个建设的过程，在这个过程中，相关软硬件设施、方法和工具都经历了一个从出现到成熟的过程。本书将这个过程分为三个阶段，通过对本书前面访谈和问卷资料的整理，发现共有 15 名用户和 17 名科研（开发）人员参与了 Living Lab 的所有阶段活动，经过整理，可以在每个阶段形成 25 份针对 8 个情境因素测量资料，这样就可以对三个阶段的各因素值进行统计分析，看是否有显著不同。

因为样本量较小，本书采用配对样本的 t 检验方法，检验样本均值是否无差异。对于某一因素，本书提出假设

$$H_0: s_1 = s_2$$

若拒绝原假设，则意味着阶段间数据有显著差异，Living Lab 方法对情境因素有显著影响。本书采用 SPSS19.0 进行分析，分析结果见表 4.4 和表 4.5。

表 4.4　成对样本统计量

用户知识对比因素		均值	N	标准差	均值的标准误
对 1	用户知识转移意愿 2	0.854 0	25	0.040 52	0.008 10
	用户知识转移意愿 1	0.792 4	25	0.062 80	0.012 56
对 2	用户知识转移意愿 3	0.858 8	25	0.031 40	0.006 28
	用户知识转移意愿 2	0.854 0	25	0.040 52	0.008 10
对 3	知识显性化水平 2	0.456 0	25	0.035 71	0.007 14
	知识显性化水平 1	0.338 8	25	0.025 71	0.005 14

续表

用户知识对比因素		均值	N	标准差	均值的标准误
对 4	知识显性化水平 3	0.712 8	25	0.063 41	0.012 68
	知识显性化水平 2	0.456 0	25	0.035 71	0.007 14
对 5	情感（心理）距离 2	0.546 400	25	0.031 342 2	0.006 268 4
	情感（心理）距离 1	0.699 2	25	0.035 58	0.007 12
对 6	情感（心理）距离 3	0.362 0	25	0.039 26	0.007 85
	情感（心理）距离 2	0.546 400	25	0.031 342 2	0.006 268 4
对 7	物理距离 2	0.677 6	25	0.061 26	0.012 25
	物理距离 1	0.751 2	25	0.081 56	0.016 31
对 8	物理距离 3	0.501 200	25	0.036 891 7	0.007 378 3
	物理距离 2	0.677 6	25	0.061 26	0.012 25
对 9	知识距离 2	0.568 400	25	0.019 295 9	0.003 859 2
	知识距离 1	0.628 0	25	0.023 09	0.004 62
对 10	知识距离 3	0.512 800	25	0.047 304 0	0.009 460 8
	知识距离 2	0.568 400	25	0.019 295 9	0.003 859 2
对 11	转移活动 2	0.605 200	25	0.040 012 5	0.008 002 5
	转移活动 1	0.501 2	25	0.046 13	0.009 23
对 12	转移活动 3	0.783 6	25	0.052 27	0.010 45
	转移活动 2	0.605 200	25	0.040 012 5	0.008 002 5
对 13	知识归纳能力 2	0.459 2	25	0.032 90	0.006 58
	知识归纳能力 1	0.459 2	25	0.027 22	0.005 44
对 14	知识归纳能力 3	0.659 2	25	0.032 26	0.006 45
	知识归纳能力 2	0.459 2	25	0.032 90	0.006 58
对 15	知识选择能力 2	0.802 400	25	0.049 436 8	0.009 887 4
	知识选择能力 1	0.731 600	25	0.060 737 1	0.012 147 4
对 16	知识选择能力 3	0.798 400	25	0.050 388 5	0.010 077 7
	知识选择能力 2	0.802 400	25	0.049 436 8	0.009 887 4

注：表中 1、2、3 分别表示第一个、第二个、第三个阶段

表 4.5　成对样本检验

对比因素		成对差分					t	df	Sig.（双侧）
		均值	标准差	均值的标准误	差分的95%置信区间				
					下限	上限			
对1	用户知识转移意愿2-用户知识转移意愿1	0.062	0.071	0.014	0.032	0.091	4.339	24	0.000
对2	用户知识转移意愿3-用户知识转移意愿2	0.005	0.044	0.009	−0.013	0.023	0.549	24	0.588
对3	知识显性化水平2-知识显性化水平1	0.117	0.015	0.003	0.111	0.123	40.184	24	0.000
对4	知识显性化水平3-知识显性化水平2	0.257	0.030	0.006	0.245	0.269	43.259	24	0.000
对5	情感（心理）距离2-情感（心理）距离1	−0.153	0.010	0.002	−0.157	−0.149	−74.797	24	0.000
对6	情感（心理）距离3-情感（心理）距离2	−0.184	0.014	0.003	−0.190	−0.179	−67.971	24	0.000
对7	物理距离2-物理距离1	−0.074	0.089	0.018	−0.110	−0.037	−4.147	24	0.000
对8	物理距离3-物理距离2	−0.176	0.051	0.010	−0.198	−0.155	−17.191	24	0.000
对9	知识距离2-知识距离1	−0.060	0.025	0.005	−0.070	−0.049	−11.882	24	0.000
对10	知识距离3-知识距离2	−0.056	0.053	0.011	−0.077	−0.034	−5.253	24	0.000
对11	转移活动2-转移活动1	0.104	0.048	0.010	0.084	0.124	10.882	24	0.000
对12	转移活动3-转移活动2	0.178	0.033	0.007	0.165	0.192	26.927	24	0.000
对13	知识归纳能力2-知识归纳能力1	0.000	0.023	0.005	−0.010	0.010	4.301	24	0.975
对14	知识归纳能力3-知识归纳能力2	0.200	0.038	0.008	0.184	0.216	−0.310	24	0.723
对15	知识选择能力2-知识选择能力1	0.071	0.082 3	0.016 5	0.037	0.105	3.301	24	0.000
对16	知识选择能力3-知识选择能力2	−0.004	0.064 5	0.012 8	−0.031	0.023	−0.310	24	0.867

在取置信区间为 95%的情况下，取 $p = 0.05$，用双尾检验，可见第三阶段与第二阶段的转移意愿、第一阶段与第二阶段的知识归纳能力、第一阶段与第二阶

段的知识选择能力无明显差异，其他均表现出明显差异。

2. 结果分析

通过分析，可以看到前面提出的假设基本都可以得到验证（表 4.6）。

表 4.6　假设验证情况

假设	分析结果	备注
Living Lab 方法能够提高用户知识转移意愿	基本通过	第二阶段与第三阶段无显著差异
Living Lab 方法能够提高用户知识显性化水平（Living Lab 方法能够促进隐性知识的显性化）	通过	
Living Lab 方法能够缩短科研人员与用户的情感（心理）距离	通过	
Living Lab 方法能够缩短科研人员与用户的物理距离	通过	
Living Lab 方法能够缩短科研人员与用户的知识距离	通过	
Living Lab 方法能够促进知识转移活动	通过	
Living Lab 方法能够提高知识接收者的知识选择能力	基本通过	第二阶段与第三阶段无显著差异
Living Lab 方法能够提高知识接收者的知识归纳能力	基本通过	第一阶段与第二阶段无显著差异

（1）Living Lab 方法对用户知识转移意愿有正向影响。用户第二阶段的知识转移意愿要明显强于第一阶段，而第三阶段则与第二阶段无明显差异。通过对用户知识转移意愿的数据进行分析发现，绝大部分用户在刚开始参与 Living Lab 时就表现出很高的兴趣，愿意贡献自己的知识，在经过一段时间的参与后，知识转移意愿有所加强，其后保持在一个较高水平的状态。可以认为 Living Lab 对用户知识转移意愿有促进作用。关于用户转移知识的动机，通过访谈与网上问卷调查的方式询问用户为什么愿意贡献自己的知识，设计了五个选项，分别是：参加可以得到一定的直接报酬；未来可以为自己带来很大价值；社会利益动机，可以为社会和他人带来价值；兴趣动机，这样可以为自己带来情感上的满足；其他动机。结果发现 86%的用户都选择了社会利益动机，位居第一位；83%的用户选择未来价值选项；74%的用户选择了兴趣动机；有超过 30%的用户希望得到一定报酬。实际上，在项目的进行期间，并未向用户持续发放实物报酬，而用户参与的积极性并没有下降，这说明用户的回答是可信的。

（2）Living Lab 方法可以明显提高用户知识的显性化水平。隐性知识的显性化是隐性知识转移的重要途径。用户在真实的生活情境中进行创新，采用很多信息通信技术手段促进隐性知识的显性化。本书认为，真实情境有利于隐性知识的显性化，在没有真实情境的情况下，用户只能通过比喻、类比的方式来描述隐性知识，在真实情境下，用户的隐性知识可以借助情境因素方便地表征出来。另外，知识的编码技术不仅是文字和语言，现代信息技术也是实现知识编码的重要手段，特别是视频技术、可视化技术、虚拟现实技术，都可以对隐性知识进行描述，让人们更容易理解。

（3）Living Lab 方法可以明显缩短知识转移双方的情感（心理）距离。情感（心理）距离可以从两方面来描述：一方面是人和人之间的生疏或者熟悉程度，包括感情上的喜欢与厌恶；另一方面是人和人之间的信任程度。陌生人之间总是充满戒备，不肯吐露心声，自己的真实感受更是不愿意表达，在东方社会，这种现象更是表现得非常明显。当人们熟悉以后，在感情的基础上，才会变得易于交流。很多文献都讨论了个人间信任对知识转移的影响，实际上，Living Lab 中很多方法都有利于个体间增强信任。实践证明，直截了当地询问用户的需求并不是一个好办法，这种调查方式信度和效度都受到影响。Living Lab 初始阶段一般都会采用当面访谈、民族志研究法、故事讲述等方法来对用户的需求进行研究，这些方法相对比较轻松，容易被用户接受，引起用户的兴趣，从而在双方间建立起心理上的信任感和感情纽带，为其后的用户行为观察方法打下基础。

（4）Living Lab 能够缩短双方的物理距离。事实上，Living Lab 方法无法改变双方真实的物理距离。但由于本书在访谈量表中使用了交通费和住宿费减少程度等指标，物理距离减小了。这实际是用现代通信技术实现了以往必须通过个体地理上的移动方可达到的交流效果。从这个意义上说，本书认为 Living Lab 方法能够有效缩短双方的物理距离。

（5）Living Lab 方法能够缩短双方的知识距离。本书主要以双方共有知识的量来衡量知识距离。实验证明，Living Lab 方法能够让科研人员和用户实现更多的理解，是一个双方共同学习的过程，也就是"learning by doing"的过程，这个过程可以让双方有更多的共有知识。

（6）Living Lab 方法能够促进知识转移活动。知识转移离不开不同类别、不同主体、不同层次的互动和接触活动，Living Lab 本身就是一个紧密的知识网络，注重利用信息通信技术手段打造各种真实情境，实现各主体间的无缝连接，增进知识转移活动的频次和程度，特别是可以增强知识的有效性和真实性，可见知识转移活动是 Living Lab 的重要特征之一。

（7）Living Lab 能够提高科研人员的知识选择能力。Living Lab 通常都会采用故事讲述、民族志研究、用户行为观察等方法，配合现代信息通信技术手段的应用，这些方法都会形成大量的数据，科研人员必须对这些数据进行处理，从中选择正确、有效的知识。经过一段时间的锻炼，科研人员的知识选择能力自然会得到提高。本次实证研究发现，科研人员在第二阶段和第三阶段无明显差异，第一阶段和第二阶段则存在明显不同，说明知识选择能力对科研人员来说是一个比较容易的能力，可以在较短的时间达到一定水平。事实上，知识选择能力与 Living Lab 方法究竟哪个为因，哪个为果还需要进一步的探讨。本书认为，此假设基本可通过。

（8）Living Lab 能够提高科研人员的知识归纳能力。在用户知识组成中，隐性知识占了比较大的部分，由于这些知识的不可编码性，简单的访谈、故事讲述并不能发挥比较理想的作用。所以，基本上所有的 Living Lab 都会采用用户行为观察的方法，用户行为中包含的信息需要进行科学解读，这就要求科研人员有比较高的知识归纳能力。在本次调查中，可发现第一阶段和第二阶段科研人员的知识归纳能力无明显差异，而第四阶段比第三阶段存在显著进步，这与 Living Lab 的实际发展过程有关，在第三阶段，各种针对用户的行为观察工具（包括软件和硬件）得到很大程度的完善，包括信息交流平台、虚拟现实设备、用户观察室等，科研人员在这个阶段知识归纳能力得到比较大的提高。与假设 4.7 相类似，用户知识归纳能力与 Living Lab 方法之间的因果关系也需要更加深入的探讨。本书认为，此假设可基本通过验证，即 Living Lab 方法可以提高科研人员的知识归纳能力。

4.2.4　情境因素对用户知识转移效果的影响分析

接下来，本书要研究选取的情境因素对知识转移效果的影响，包括影响的方向和程度。

1. 用户知识转移效果的测度

知识转移效果的测度和计量是难点问题，知识具有无形性特征，很难准确计量。根据现有文献资料，对知识转移效果的计量方法主要有如下三类。

（1）基于知识载体的计量方法。知识的载体主要包括人和物两类。人是知识的天然载体，很多知识特别是隐性知识只能被特定的人掌握，所以掌握相关知识的人数可以作为知识转移效果的一个重要指标，事实上，目前很多研究知识转移效果的文献使用了这一指标[158]。另一个重要的知识载体就是各种记录知识的成果，如论文、书籍、软件等，可以用字数、程序行数等来计量。总体上来说，基于知识载体的计量方法都是有量纲的，但这种计量方法很难对两种不同的知识进行直接比较，特别是量纲之间无法进行换算，如论文的字数与程序的行数就无法进行比较。

（2）基于知识转移成果的计量方法。知识转移效果可以用一些创新的成果来衡量，如申请的专利数、设计的产品、创造的价值等。夏恩君等认为，专利数量可以很好地对企业的存量知识进行计量[159]。根据知识的嵌入性，产品与服务方案中包含了前期所有工作人员的知识，其数量可以表征知识的转移效果。

还有人认为，知识转移的目的是创造价值，所以可以用经济价值来衡量知识转移的效果。

（3）基于知识转移效果的相对计量方法。很多学者认为，由于知识的无形性，很难为知识转移的效果提供一个有量纲的计量方法。他们主张用相对计量的方法[160]，可以在给出参照体系的前提下，给出一个知识转移效果的程度。模糊数学和统计学的发展，为这类方法提供了有力工具。

基于以上分析，本次调查用相对计量的方法对知识转移效果进行计量，分为两个内容：一方面是对转移效率的计量；另一方面是对转移效果的计量。由于转移效果涉及转移的双方，最终结果要根据双方的量表进行综合计算，既要考虑用户的估算值，也要考虑知识接收方的估算值。由于访谈对象大部分为老年用户，本次调查没有对隐性知识和显性知识进行明确划分，知识转移效果可以认为是综合效果。

2. 情境因素影响极性验证

利用访谈资料和网络调查得到的数据，本书首先对 8 个情境因素对知识转移效果的影响极性进行验证，采用相关分析的方法，仍然采用 SPSS19.0 对数据进行计算，8 个情境因素和知识转移效果的相关系数见表 4.7。

表 4.7　相关系数表

情境因素	知识转移效果	显著性水平 Sig.（单侧）
用户知识转移意愿	0.547	0.000
知识显性化水平	0.782	0.000
情感（心理）距离	−0.789	0.000
物理距离	−0.695	0.000
知识距离	−0.643	0.000
转移活动	0.765	0.000
知识归纳能力	0.674	0.000
知识选择能力	0.437	0.000

从表4.7中的数据可以看出，8 个情境因素都与知识转移效果存在比较强的相关关系，其中用户知识转移意愿、知识显性化水平、转移活动、知识归纳能力、知识选择能力与知识转移效果呈现正相关关系，情感（心理）距离、物理距离、知识距离与知识转移效果呈现明显的负相关关系。前面提出的情境极性假设得到完美验证。

3. 因子分析

本书提出了影响知识转移效果的 8 个情境因素，事实上研究全部因素对知识转移的影响机理是非常困难的事情，如果把所有的变量都考虑进数据模型，会使统计分析的工作量变得过于庞大。实际上，由于变量间可能会存在比较显著的相关关系，会对分析过程带来干扰，在回归分析中，系数估计也会很困难。另外，所有的影响因素发挥的作用也是不同的，本书应该重点关注那些对知识转移影响程度大的因素。因此，本书希望降低分析问题的维度，消减变量个数，找出贡献度大的因子，同时也不要造成信息的大量丢失，因子分析方法正好是这样一种行之有效的方法。

1）因子分析概述

因子分析是 Pearson 和 Spearmen 所提出的一种统计分析方法,已经在管理学、经济学、预测科学等学科得到了广泛应用。这种方法的宗旨是把多个因子根据其相关关系进行归类与缩减，将多个因子缩减为少数几个具有命名解释性的因子，从而使分析模型更简明，更有效。

设有 p 个样本变量， $x_1, x_2, x_3, \cdots, x_p$，每个样本变量都可用 $k(k < p)$ 个因子的线性组合来表示，则有

$$\begin{cases} x_1 = a_{11}f_1 + a_{12}f_2 + \cdots + a_{1k}f_k + \varepsilon_1 \\ x_2 = a_{21}f_1 + a_{22}f_2 + \cdots + a_{2k}f_k + \varepsilon_2 \\ x_3 = a_{31}f_1 + a_{32}f_2 + \cdots + a_{3k}f_k + \varepsilon_3 \\ \qquad\qquad\qquad \vdots \\ x_p = a_{p1}f_1 + a_{p2}f_2 + \cdots + a_{pk}f_k + \varepsilon_p \end{cases} \qquad (4.3)$$

也即

$$X = AF + \varepsilon \qquad (4.4)$$

其中， F 为因子； A 为因子载荷矩阵； $a_{ij}(i=1,2,\cdots,p; j=1,2,\cdots,k)$ 为因子载荷。

因子分析的基本步骤如下。

步骤 1：对样本数据进行标准化处理，构建标准化矩阵。

步骤 2：根据标准化矩阵计算样本相关系数矩阵 R 。

步骤 3：计算相关系数矩阵 R 的特征值和特征向量。

步骤 4：计算方差累计贡献率，确定公共因子个数。

步骤 5：求因子载荷矩阵。

步骤 6：对因子载荷进行旋转变换，并对公共因子进行命名和解释。

步骤 7：计算各样本的因子得分。

2）分析过程

本书用 SPSS19.0 对 8 个情境因素进行因子分析，分别用变量表示，用户知识转移意愿（ X_1 ），知识显性化水平（ X_2 ），情感（心理）距离（ X_3 ），物理距离

（X_4），知识距离（X_5），转移活动（X_6），知识归纳能力（X_7），知识转移能力（X_8）。标准化处理后首先进行因子间相关性检验，并计算 KMO 系数，如表 4.8 和表 4.9 所示。

表 4.8   情境因素相关系数

因素	X_1	X_2	X_3	X_4	X_5	X_6	X_7	X_8
用户知识转移意愿	1.000	0.497	−0.537	−0.463	−0.463	0.515	0.336	0.877
知识显性化水平	0.497	1.000	−0.981	−0.911	−0.820	0.974	0.928	0.447
情感（心理）距离	−0.537	−0.981	1.000	0.893	0.846	−0.965	−0.871	−0.492
物理距离	−0.463	−0.911	0.893	1.000	0.736	−0.897	−0.859	−0.417
知识距离	−0.463	−0.820	0.846	0.736	1.000	−0.798	−0.715	−0.431
转移活动	0.515	0.974	−0.965	−0.897	−0.798	1.000	0.873	0.466
知识归纳能力	0.336	0.928	−0.871	−0.859	−0.715	0.873	1.000	0.309
知识选择能力	0.877	0.447	−0.492	−0.417	−0.431	0.466	0.309	1.000

表 4.9   KMO 及 Bartlett 检验

取样足够多的 Kaiser-Meyer-Olkin 度量		0.848
Bartlett 的球形度检验	近似卡方	1110.683
	df	28
	Sig.	0.000

可见，各情境因素之间具有较高的相关关系，KMO 值达到 0.848，Bartlett 的球形度检验也达到 1110.683，非常适合做因子分析。

本书采取主成分分析法提取公因子，根据特征根大于 1 的原则，提取 2 个公因子。方差贡献度达到 90.929%，提取效果非常理想。具体见表 4.10。

表 4.10   解释的总方差

初始特征值			提取平方和载入		
合计	方差/%	累积/%	合计	方差/%	累积/%
5.959	74.489	74.489	5.959	74.489	74.489
1.315	16.440	90.929	1.315	16.440	90.929

采用方差最大法对因子载荷矩阵实行正交旋转以使因子具有命名解释性。旋转后的因子载荷矩阵如表 4.11 所示。

表 4.11 旋转成分矩阵

情境因素	成分	
	1	2
用户知识转移意愿	0.263	0.932
知识显性化水平	0.957	0.259
情感（心理）距离	−0.930	−0.317
物理距离	−0.905	−0.236
知识距离	−0.813	−0.288
转移活动	0.929	0.289
知识归纳能力	0.938	0.090
知识选择能力	0.213	0.944

同样，统计软件给出了因子得分系数，这样就可以写出因子函数：

$$F_1 = 0.14X_1 + 0.204X_2 - 0.183X_3 - 0.195X_4 - 0.158X_5 \\ + 0.190X_6 + 0.238X_7 - 0.157X_8 \tag{4.5}$$

$$F_2 = 0.548X_1 - 0.5X_2 + 0.005X_3 + 0.053X_4 - 0.002X_5 \\ - 0.023X_6 - 0.155X_7 + 0.568X_8 \tag{4.6}$$

3）对结果的分析

从因子载荷来看，对于第一个因子，知识显性化水平、情感（心理）距离、物理距离、知识距离、转移活动、知识归纳能力有很高的载荷，对于第二个因子，转移意愿、知识选择能力具有很高的载荷。现在需要对这两个因子中包含因素进行意义上的归纳（表 4.12）。

表 4.12 因子成分

因子	包含的主要成分
F_1	知识显性化水平、情感（心理）距离、物理距离、知识距离、转移活动、知识归纳能力
F_2	用户知识转移意愿、知识选择能力

通过对第一因子中涉及的各因素进行共性分析，可以发现载荷较高的因素都与隐性知识有比较明显的意义关联，所以第一因子可以解释为对隐性知识的影响因素，第二个因子可以解释为对显性知识的影响因素。如果以两个因子的方差贡献率为权数，这两个因子的综合因子可以记为

$$F = 0.7449F_1 + 0.1644F_2 \qquad (4.7)$$

4. 回归分析

回归分析用于研究事物之间的统计关系,侧重考察变量之间的数量变化规律,并通过回归方程的形式描述这种关系,帮助人们准确把握变量受其他一个或多个变量影响的过程。为了进一步对情境因素的影响机理进行研究,本书以知识创造效果作为被解释变量,对情境因素作多元回归分析。

首先本书将 8 个情境因素都考虑进多元回归模型:

$$Y = \beta_0 + \beta_1 X_1 + \beta_2 X_2 + \beta_3 X_3 + \cdots + \beta_8 X_8 + \varepsilon \qquad (4.8)$$

经过软件处理,发现包含 8 个解释变量存在严重的多重共线性,本回归模型不成立,所以本书采取逐步回归的方式重新进行分析。结果情感(心理)距离第一步进入模型,转移活动第二步进入模型,知识显性化水平第三步进入模型。

分布回归的调整判定系数 R^2 分别为 0.915、0.923、0.939,可见拟合度比较好。方差分析结果见表 4.13。

表 4.13　方差分析

模型		平方和	均方	F	Sig.
B	回归	1.362	1.362	3276.298	0.000[a]
	残差	0.035	0.000		
	总计	1.397			
2	回归	1.376	0.688	2807.759	0.000[b]
	残差	0.020	0.000		
	总计	1.397			
3	回归	1.379	0.460	2149.191	0.000[c]
	残差	0.017	0.000		
	总计	1.397			

a. 预测变量:(常量),情感(心理)距离

b. 预测变量:(常量),情感(心理)距离,转移活动

c. 预测变量:(常量),情感(心理)距离,转移活动,知识显性化水平

如果取显著性水平 α 为 0.05,回归方程显著性检验 p 值为 0.00,小于显著性水平 α,因此被解释变量与解释变量间的关系显著,建立线性模型是恰当的。

多元回归模型的系数见表 4.14。

表 4.14　多元回归系数

模型		非标准化系数		标准系数	t	Sig.	共线性统计量	
		B	标准误差	试用版			容差	VIF
1	（常量）	1.031	0.009		119.522	0.000		
	情感（心理）距离	−0.907	0.016	−0.988	−57.239	0.000	1.000	1.000
2	（常量）	0.594	0.057		10.333	0.000		
	情感（心理）距离	−0.563	0.046	−0.613	−12.112	0.000	0.069	14.597
	转移活动	0.402	0.052	0.388	7.666	0.000	0.069	14.597
3	（常量）	0.471	0.064		7.397	0.000		
	情感（心理）距离	−0.410	0.061	−0.446	−6.741	0.000	0.035	28.611
	转移活动	0.293	0.057	0.283	5.101	0.000	0.050	20.129
	知识显性化水平	0.218	0.061	0.273	3.600	0.001	0.027	37.540

根据表 4.14，由于情境因素之间的多重共线性，多个因素被排除，最终只有 3 个因素进入回归模型，可表达为

$$Y = 0.471 - 0.410 f_1 + 0.293 f_2 + 0.218 f_3 + \varepsilon \tag{4.9}$$

其中，f_1 代表情感（心理）距离；f_2 代表转移活动；f_3 代表知识显性化水平。

回归结果显示，情感（心理）距离、转移活动与知识显性化水平三个因素可以解释知识转移效果的 90% 以上，当然对这个结果还需要深入分析。实际上，由于多元回归分析方法要求各因变量间不能存在显著的相关关系，其他因素并不是没有起到作用，而是在回归过程中被排除掉了。情境（心理）因素与知识转移效果之间的作用机理非常复杂，各种因素是叠合在一起共同作用的，但从统计学意义上来说，可以认为情感（心理）距离、转移活动、知识显性化水平是三个对知识转移效果影响力最大的因素，或者说是敏感性因素。

结合前面的因子分析结果可以看到，这三个敏感性因素都属于第一因子范畴，也就是隐性知识转移影响因子，这与有关专家关于知识结构中隐性知识占 90% 的论断相印证。

4.3　Living Lab 本质特征对情境因素的影响机理

前面的分析结果显示，知识显性化水平、情感（心理）距离、物理距离、知识距离、转移活动、知识归纳能力是影响用户隐性知识转移效果的主要因素，其中情感（心理）距离、转移活动和知识显性化水平是敏感性因素。用户参与、真实情境与信息通信技术应用等是 Living Lab 创新模式的典型特征，这些对于影响用户知识获取的敏感性因素及其他因素有着不同的影响，本节试图对这些内部作用机理进行解析，从而更好地解释 Living Lab 中用户知识获取的机理。

4.3.1　用户参与对知识转移的影响

用户参与是 Living Lab 的典型特征，在各个阶段，用户参与创新的方法多种多样，这些方法对用户知识的转移有直接或间接的影响。用户参与创新过程，就给创新主体带来了知识分享的机会，用户参与是实现用户知识转移的关键手段，用户知识是创新的宝贵财富，现代社会的用户越来越不满意企业主观炮制的体验，企业要实现产品价值，就必须获取用户长时间生活工作中拥有的丰富知识，搞清用户的潜在需求，这些知识都只能从用户本身获得。

根据 Schumacher 和 Feurstein[161]对欧洲 Living Lab 的调查统计，在产品创意、开发阶段使用较多的方法和工具，如表 4.15 所示。

表 4.15　技术手段使用频率统计表

阶段	方法	使用的频率/%
创意、开发、测试、商业化	当面访谈	90
创意、开发	用户建议、创意激发（头脑风暴）	80
需求分析、开发、测试	用户行为观察	70
创意	焦点小组	70
开发、测试	情境体验	70
创意、开发	在线访谈	60
创意、测试	故事讲述	60
测试	情境式用户测试与反馈	60
开发	用户设计	60

从表 4.15 可以看出，虽然说 Living Lab 非常重视现代通信技术的应用，但在实际中还是会基于很多传统的方法，如当面访谈、头脑风暴等方法，典型的方法还有故事讲述、焦点小组、情境体验、情境式用户测试与反馈、用户行为观察等。这些方法都要求与用户建立紧密的联系，与用户亲密互动，有利于激发用户参与动机，建立情感联系，缩小情感距离，从而促进用户知识转移。

1. 提升用户知识转移意愿

根据 Nambisan[162]的观点，用户参与产品或服务开发是自愿行为，用户可以对产品开发做出有形的和无形的贡献，这些贡献是源于用户对产品或服务对于自身利益的理解。可见用户参与知识转移活动受利益动机的影响，实际上，用户对于未来从创新中获得的收益预期越大，其为创新投入自身资源（包括知识资源）的动机就越强烈。对于用户参与知识转移的动机，既有对自身个体利益的追求，也有对用户整体利益与社会利益的追求，在本书针对老年服务用户的调研中，就发现用户对于社会利益与用户群体利益的追求甚至超过了自身利益追求。除了利益追求，还有参与创新给自己带来的乐趣、参与过程中的自我价值实现等。

在 Living Lab 搭建的多方共同创新环境中，用户与自己的日常生活相结合，能够以一个轻松、舒适的心情参与产品与服务的设计、测试工作，这样能够大大激发用户的参与动机，并使用户切实感受到参与创新的快乐，参与兴趣逐步提高，思维能力与创造能力逐渐增强，从而可以更好地贡献自己的知识。

2. 增加连接强度

知识转移网络理论表明，网络的连接强度是影响知识转移效果的关键因素。如 Hansen[163]通过研究发现，知识转移网络中节点连接强度决定了转移知识的复杂性，组织中跨团队的复杂性知识是通过强连接来转移的，而比较弱的连接只能转移相对简单的知识。用户知识是比较复杂的知识，需要在知识转移双方建立比较强的连接。Living Lab 的方法和工具可以增加连接强度，从而提高用户知识转移的效率和质量。

3. 缩小情感距离

在 Living Lab 创新模式下，用户的参与是个渐进的过程，随着项目的持续进行，用户参与的深度和频度都会自然地增强。在参与的前期，可能会是一些面对面的访谈、轻松的故事讲述环节，双方会迅速建立起较为紧密的情感联系，随着双方消除陌生感，互相对对方的目的和环境熟悉，然后才会进入基于信息通信技术的互动阶段。实际上，情感（心理）距离对用户转移意愿也是有紧密联系的，前面的分析结果显示在第一阶段与第二阶段用户转移意愿有明显差异，而第二阶段与第三阶段则无明显差异，这个结果从侧面显示用户与科研人员的情感联系强度是在前期急剧上升的，而在中后期则会保持在一个较高强度的阶段。Living Lab 中用户的逐步参与过程和互动会使双方逐步建立起非常强的信任关系，信任能够降低合作双方对对方非善意行为的恐惧。在高强度情感联系下，用户一方面转移意愿加强，另一方面转移行为也会加强，愿意为转移自己的知识付出更多的努力。事实上，对用户知识特别是隐性知识的获取是个非常困难的过程，需要用户的大力配合。用户与科研人员情感联系强度的变化如图 4.4 所示。

可见，用户参与的创新模式可以有效缩小双方的情感（心理）距离，再加上非常频繁的互动，这些都有利于用户知识的转移。

4.3.2　情境真实性的作用

真实的创新情境是 Living Lab 的本质要求，这个创新情境包括知识情境、相关情境、转移活动情境与接收者情境。情境真实性的作用包括提供隐性知识显性化渠道、提高知识转移质量和建立信任关系三个方面。

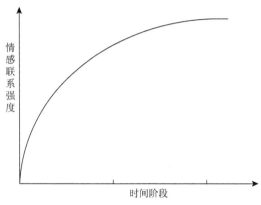

图 4.4　情感联系强度变化趋势

1. 提供隐性知识显性化渠道

隐性知识具有明显的"情境性"，很多知识之所以呈现隐性状态就是因为嵌入于一定的情境之中。如前文所述，应用现代信息通信技术与多媒体技术实现隐性知识的可记录化也属于隐性知识的显性化范畴。情境真实性有利于可以提供隐性知识的显性化渠道，具体途径包括实现情境重现与事项情境转移、激发知识的表达能力、提供记录手段等几个方面。

一些知识深深地嵌入在一定的情境之中，为了实现相应知识的可表征，一方面，可以让知识转移双方共同处于相同的情境之中，从而让双方能够更好地理解对方；另一方面，可以通过虚拟现实、模拟等技术实现相关情境的转移，从而实现隐性知识的显性化。

人的表达能力也受情境的影响，本书曾经做过相关的实验，在非真实环境下，让用户就某一主题表达自己的看法，然后再让用户在真实情境下重现表达，结果发现用户在真实情境下对表达的内容数量和质量上都出现了一个飞跃，可见真实情境可以明显提高用户的表达能力。

真实情境可以为知识记录提供相应的手段，对于嵌入于情境中的知识，可以利用现代信息技术、多媒体技术实现情境的可视化，用可视化的媒介记录相应的知识。

2. 提高知识转移质量

知识转移的效果包括两个方面：一方面是数量；另一方面是质量。在真实情境下，用户可以更好地对知识进行表达，减少模糊性，增加知识表达的完备性，从知识源的角度实现转移知识质量的提高，从知识接收者方面来看，情境的真实性可以为知识提供更多的支撑和解释渠道，在用户表达内容不完备的情况下，用户可以根据真实的情境因素自动对知识内容进行补充，从而提高知识转移的准确性。

3. 建立信任关系

在真实的情境下，双方可以快速实现相互了解，特别是理解创新的目标和意义，在用户和科研人员之间建立信任关系。与用户知识转移意愿与连接强度相比，知识转移主体间的信任更有实际意义。信任是指个体或组织间的一种预期，也就是相信对方不会利用双方的合作行为来损害自己的利益[164]。也可以把信任视为信赖给予的程度，即认为一个组织的成员对与之合作的组织所持的倾向一致的信赖的程度[165, 166]。还有的学者则把信任视为一种态度，即一个组织的成员对与之合作的组织所持共同的态度，而态度则是一种对事物的稳定评价及行为倾向[167, 168]。与信任相对立的是一种警惕心理，实际上，在与陌生人合作时，警惕心理是一种很自然的反应。建立信任关系需要一个互相熟悉和了解的过程，需要进行一系列的验证。当知识转移双方互相信任，他们会更加愿意分享知识资源，双方的异质性知识得到交流，从而促进用户的知识转移过程。

4.3.3　用户隐性知识显性化的信息通信技术手段

很多专家指出，隐性知识是知识的主要部分，如果把知识总体比喻成一座冰山，那么水面以上的是显性知识，而隐藏在水面以下的大部分则属于隐性知识。对于用户知识来说也是如此。在 Living Lab 创新模式下，用户知识转移是知识共享与知识创造的前提和基础，而用户隐性知识的显性化则是用户知识实现流动转化的主要途径。根据调查研究资料，参考相关文献[169]，本书将 Living Lab 模式下用户隐性知识显性化过程分为四个阶段，分别是知识属性感知阶段、转移意愿生成阶段、显性化方法实现阶段、显性化效果反馈阶段；隐性知识到显性知识分成四个状态，分别是隐性知识、潜隐性知识、潜显性知识、显性知识。分析基础采用 Castillo 对隐性知识的四维度分类法，纷繁芜杂的隐性知识可以从四个维度对其可获得性进行分类，包括非表达型、情境型、语义型、洞察力型。非表达型隐性知识指知识还不能被知识拥有者清晰准确地进行描述；情境型知识分散于特定的生活与社会情境之中；语义型知识是指某类知识只对某一个特定的群体是可以理解的，与群体的生活工作习惯相关，如某种知识可能只能被某专业的医生理解；洞擦力型知识与知识拥有者的心智模式直接相关，受知识拥有者的这类能力与特质影响。

1. 关于隐性知识显性化的概念辨析

传统上把隐性知识显性化的概念定义为知识的可编码化，也就是用文字与语言能够记录相应的知识。随着现代科学技术的发展，对知识的记录手段也发生了翻天覆地的变化，更多的记录方式纷纷涌现，如视频、语音、模拟技术等，一些记录方式甚至有即时反馈功能，新技术的出现，大大提高了知识的记录容量和准确程度。例如，对四冲程汽油发动机原理的记录与表征，传统的文字和图片需要大量的篇幅来介绍，而学习者由于接受能力的不同，很多人还是难以理解与掌握，而通过现代视频技术、动画分解技术，可以让学习者直观地明白内燃机的运行原理。因此，对于隐性知识的显性化要重新进行定义，其显性化的标准一方面是知识在知识主体中的清晰化和结构化；另一方面是从技术方面进行表征的明晰化。对于能够用现代记录手段进行准确描述的知识，虽然传统上被很多专家归类为隐性知识，本书也认为是现代科学条件下的显性知识。

2. 用户隐性知识显性化的阶段

Living Lab 创新模式中用户隐性知识的显性化过程可以分为四个阶段，分别是知识属性感知阶段、隐性知识转移意愿生成阶段、显性化方法实现阶段、隐性知识显性化效果反馈阶段。

第一个阶段是知识属性感知阶段，主要内容是用户对知识属性的感知过程，隐性知识包括个体的思维模式、追求、信念和习惯等，这些模式和理念深深地嵌入在用户个体之中，以至于用户平时都习以为常，并不会感受到这些知识的存在，如在突兀地询问用户究竟有何需求时，用户往往不能马上作答。在 Living Lab 模式下，当科研人员在向用户做出知识转移的邀约时，用户就需要一个知识属性的感知过程，会对自己的知识进行重新组织。必须指出，这个知识的感知过程也可以由知识接收者进行，如科研人员可以通过用访谈法、用户行为观察法对用户的知识进行归纳和感知。

第二个阶段是隐性知识转移意愿生成阶段。在这个阶段，通过双方多轮互动，开始建立信任关系，用户在自身知识转移动机的激励下，开始生成用户知识转移意愿。在本书的一些具体实验中，用户在有了信任感之后，认识到知识转移能够对自己带来潜在的收益，对社会做出神圣的贡献，都能够积极地参与创新活动，对贡献自己的知识资源产生浓厚的兴趣和明显的自觉性。

第三个阶段是显性化方法实现阶段。这个阶段通过采取相应的方法、技术手段和制度机制来实现用户隐性知识的显性化。在 Living Lab 模式下，主要是采取基于信息通信技术的知识归纳技术、情境营造技术、虚拟现实技术等，具体机理在后文中会详细叙述。

第四个阶段是隐性知识显性化效果反馈阶段。对于知识显性化效果，可以用原知识编码化程度衡量，也可以用知识转移的效果来衡量。可以建立系统的知识转移评估制度和激励机制，来强化用户隐性知识显性化的过程。

用户隐性知识显性化的阶段可用图 4.5 表示。

3. 用户隐性知识显性化机理

为了获取用户的非表达型隐性知识，最基本的途径就是设法将其显性化，也就是知识拥有者逐步将其清晰地表达出来。非表达型知识之所以不能表征：一方面是知识

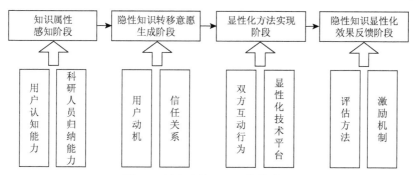

图 4.5　用户隐性知识显性化阶段

拥有者的表达能力不够，知识呈现碎片化特征，结构化程度低；另一方面是技术手段的限制，暂时无法用语言文字表达清楚。对非表达型知识的显性化过程是一个知识结构与表达清晰度逐步改善的过程，需要一些方法和技术，如 Living Lab 中的可视化技术与虚拟现实技术。当隐性知识在向显性知识转化的初级阶段，知识尚未到达编码的阶段，但能以某些片段化的、零散状态的信息存在，通过与用户的面对面交流，科研人员可以感知到这些信息，这些信息数量很大，存在时间无法保持，如果不以某种形式记录下来就会消失。与此相适应，Living Lab 借助信息通信技术提供了很多信息记录手段，可以实现信息的自动记录，为用户知识的转移提供相应的技术基础。在用户知识显性化的后期阶段，用户信息逐步结构化，数量会降低，质量会提高，但记录工作仍要严谨地进行。可见，对于非表达型知识的显性化过程主要依赖技术机理，也就是记录与表征手段的进步。例如，在古代，打造一把高质量的刀剑是一个非常困难的事情，材料的选取、加工过程的控制都非常复杂，这些知识都很难表达，只有经验丰富的大师才可以掌握，而且这些技术很难流传下来，很多类似"干将、莫邪"的传说都说明了这一点，可见刀剑制作工艺中包含着太多的隐性知识。实际上，随着炼钢与轧钢技术的发展，很多表征手段和表征技术纷纷出现，如钢材含碳量的测定、碳分布均匀性的测定、冶炼和加工中温度的测量与控制等，这些指标与工艺都可以很方便地写成说明书，现在即使是一个名不见经传的机械厂，也可以很轻松地根据说明书打造出一把精美锋利的宝剑来，这就是隐性知识显性化的技术机理。

对于情境型知识来说，对那些碎片化的分散信息进行记录和统计分析无济于事，而必须结合情境获得完整的信息，这类知识需要在特定的时间、地点与用户在特定的情境中进行直接交互，这个情境最好是真实的，或者是对真实情境的模拟。

语义型隐性知识存在特定的群体和群体的活动之中，典型的例子是医生与律师，知识专业性较强，有很多专门的术语，其他人如果不是其中一员，就很难理解，用户群体也会分属不同的专业背景，所以科研人员必须认真研究用户的相关背景，才能有效理解用户表达的知识。可见对于情境型和语义型的知识，知识接收者就必须提高自己的吸收能力，多参与用户所处的情境，与用户共同体验，共享相同的背景和文化，只有这样才能吸收这类隐性知识。

按照知识建构主义的观点，知识是主体与客体相互作用的结果，需要知识学习者在其思维与对象之间进行连续的双向建构，建构主义者并不承认知识的客观性，认为知识不是对某种客观现实的复制，而是知识学习者在自己主观经验和已有知识的基础上，对观察到的现象进行重新组织和加工，主体通过各种经验的探索来接近对物体的认识，但永远也不能完全达到它。对于洞察力型隐性知识，它属于嵌入于个体的特质之中，是最难以转移的知识，需要对现有的知识进行重新组合，找到知识的有机联系，在自我的思维中重新建构。从这个意义上看，知识接收者自身的经验、知识及其知识归纳能力对于知识转移至关重要。

用户知识显性化与转移途径如图 4.6 所示，可见在 Living Lab 创新模式中，非表达性隐性知识在技术手段的辅助下，可以实现较高的显性化水平，而洞察力型隐性知识显性化水平最低，需要用户直接参与设计实现知识转移。

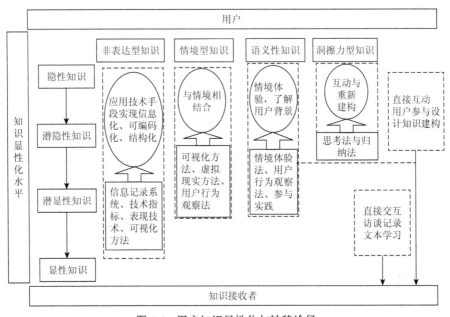

图 4.6　用户知识显性化与转移途径

4.4　本　章　小　结

对于 Living Lab 创新模式对于 8 个因素作用结果的假设，通过配对样本均值检验，有 5 个假设通过检验，3 个假设基本通过检验。证明 Living Lab 创新模式能够有效提高用户知识的显性化水平、转移意愿，提高知识接收方的归纳能力与选择能力，Living Lab 方法和工具有着非常有效的知识转移活动情境，能够有效缩小知识转移双方的情感（心理）距离、物理距离、知识距离。因子分析显示，对用户隐性知识转移的因子中，知识显性化水平、情感（心理）距离、知识归纳能力、转移活动等因素具有较大的载荷。用户显性知识转移因子中包括用户知识转移意愿和知识选择能力。在用户知识转移多元回归模型中，有三个影响因素最终进入模型，分别是情感（心理）距离、知识显性化水平、转移活动，这与因子分析的结果基本一致，这三个因素对转移效果的解释能力达到 93%以上，且都属于隐性知识转移因子，这与专家关于隐性知识占知识总量的大部分的论断是一致的。

在 Living Lab 创新模式下，由于用户的参与及相关工具方法的应用，用户与科研人员间建立了广泛的信任，从而拉近了情感（心理）距离，这是对知识转移活动的重要保障。在可视化技术、虚拟现实方法、情境体验法、真实生活情境下的用户行为观察法支持下，用户隐性知识得以实现不同程度的显性化，既提高了知识转移的速率，也提高了知识转移的质量。而知识转移双方在 Living Lab 模式下的频繁互动，是实现知识转移的切实有效途径。

因此，Living Lab 模式下的用户知识转移机理，可以从 Living Lab 创新模式对情境因素的作用和情境因素对用户知识的作用两方面进行诠释。一方面，Living Lab 创新模式的特征因素对情境因素有特定的影响；另一方面，情境因素特别是情感（心理）距离、知识显性化水平、转移活动等敏感性因素对于用户隐性知识的显性化及知识的转移有重要的影响，这两方面的结合产生了叠加效应，这个叠加效应放大了作用强度。经验研究表明，Living Lab 创新模式有利于提高用户知识的转移质量和转移速率，Living Lab 中的用户知识获取机理如图 4.7 所示。

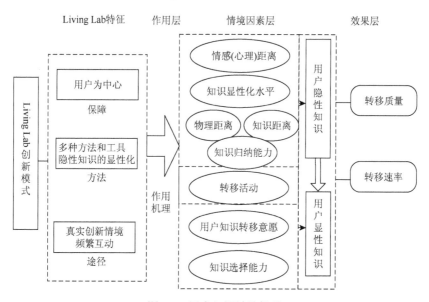

图 4.7　用户知识转移机理

第 5 章 Living Lab 中的知识生成与进化机理

进入 21 世纪以来，由于用户需求的多样化和快速变化，生产系统越来越呈现出柔性化特征，产品和服务也变化迅速，以期能够赶上用户需求变化的速度，用户参与逐步成为新时代创新的典型特征，创新呈现出草根化与民主化趋势。在瞬息万变的技术与经济生态下，对创新的效率提出了更高的要求，完全依靠自身知识储备进行创新已经非常不现实，利用快速发展和日益成熟的现代信息通信技术与多方合作，引入外部知识，与自身知识进行融合、交叉创造新的知识成为创新的必由之路。Living Lab 创新模式强调用户知识的关键作用，其知识创造过程可以分为用户知识引入与知识演化两个阶段。在知识经济时代，创新过程必然伴随着新知识的产生与进化，从某种意义上说，创新其实也就是知识创造的过程，理解了 Living Lab 创新模式其中的知识演化机理，也就对 Living Lab 的创新原理有了一个清晰的认识。

对于知识创造理论，典型的仍然是 Nonaka 提出的 SECI 模型，SECI 模型是通过隐性知识与显性知识的互相转化机理与个体知识的组织化两个层面对知识创造过程进行解释的。但在实际的案例研究特别是现代创新过程中，传统的 SECI 模型存在诸多缺陷，忽视了外部知识的引入问题，没有涉及组织间合作知识创新，特别是没有解释新知识的生成原理，需要进一步改进。对于知识的创造过程，很多专家发现存在类生物特征，将生物学理论引入到社会科学领域，知识的产生过程与生命的产生过程有着相似的机理，早在 20 世纪 70 年代，知识基因理论就开始出现萌芽，后来一些专家又提出知识发酵等理论，但这些理论多为一些宏观的框架，尚未深入到微观层次对知识的创造过程进行解释，本章在对 Living Lab 知识创造过程进行深入观察与分析的基础上，利用知识创造的类生物理论，从知识演化的视角归纳 Living Lab 创新模式中的知识创造机理，并通过相关实验进行验证。

5.1 Living Lab 知识演化分析框架

知识创造是现代创新的核心内容，从 Living Lab 运行过程可以看出，Living Lab 本身就是一个高效的知识创造系统，知识创造的效率和效果直接影响着 Living Lab 的创新效果。Living Lab 知识创造系统主要包括用户知识管理系统、知识演化系统、情境系统等组成部分，其创造过程具有独特的组织特征、过程特征与环境特征，与生态系统的演化有着很大的契合性，可以用演化理论来进行合理的解释。

5.1.1　知识演化理论

在人类历史中，"生命是如何产生的？"这样的问题一直困扰着我们，哲学家、生物学家甚至艺术家都用不同的形式来探索着这一主题。直到 19 世纪，关于生命的科学方才取得突飞猛进的发展，人们终于解开了生命的奥秘。大约在 30 亿年前，洪荒的地球逐渐具备了生命诞生的条件，原始大气中出现了氨、甲烷、氰化氢、硫化氢、二氧化碳、氢气、水等成分，在宇宙射线、太阳紫外线、闪电和高温的作用下形成了一系列的小分子有机化合物，如氨基酸、核苷酸、单糖、脂肪酸等。这些小分子进一步聚合，终于形成了大分子有机化合物，产生生命的物质基础终于齐备，在环境的孕育下，生命开始出现。越来越多的物种开始在地球上繁衍生息，代代相传，人们开始研究是什么力量使得生命得以延续并逐渐演化，达尔文（Darwin）"物竞天择，适者生存"的自然选择理论和拉马克（Lamarck）"用进废退"的自身演化论先后出现，经过艰苦的探索，"基因"被发现，各类生命在地球上的出生、演化、遗传、变异等规律逐渐被掌握，生命的天书最终被人类准确解读。

很多研究者发现，知识的产生和演化过程与生命的产生、生物进化规律有着惊人的相似之处，这就启示人们可以用生物学中的相关理论来研究知识管理问题。自古以来，人们对知识本质就一直进行着持续地探索，从柏拉图、笛卡儿、莱布尼兹到洛克、休漠和康德，提出了很多理论。随着研究的深入，知识的复杂性越来越得到大家的公认，知识系统与生态系统的相似性逐渐引起学者的关注，人们发现，无论是个体的知识还是组织的知识，都处在动态的变化之中，知识的变化也是为了适应环境的变化，知识与环境的依存关系与生物种群与环境的关系类似。波普尔最早对知识的类生物性进行了诠释[170]，指出证明一个科学理论的真实性是不可行的，而证明理论的错误则容易的多，知识的进化也会沿着这个路径进行，也就是：根据现有知识（K_1）—提出理论假设（P）—理论验证（V）—排除错误（E）—得到新知识（K_2）。这和生物学领域的自然选择过程是一样的，另外，从知识统计学的角度也可以得到这样的现实，知识的增长是指数形式，在知识增长的后期，就是知识的爆炸，这和进入 21 世纪以来人们对知识的感受是相同的。在生物学界，这样的例子比比皆是，在缺乏天敌和适宜的环境下，某种生物的数量增长也呈明显的指数形式。

实际上，生物学的理论与概念进入社会科学领域的尝试已经屡见不鲜，斯宾塞早在 19 世纪最早创立了社会生物学，把生物学中的生命起源、物种变异、生态演化、生存、竞争、物种的自然选择等理论引入到社会管理科学，用来解释社会中的种种现象[171]。美国心理学家 Baldwin 在研究了生物学中的物种演化理论后，与社会科学特别是心理科学进行对照，指出自然选择规律是个普遍的规律，不仅是物种演化的定律，还普遍存在于其他所有有关生命和心灵的科学领域[172]。在生物学与社会领域的相关学者努力下，特别是在 20 世纪，生物学理论逐渐与管理学、经济学、心理学、知识管理理论深入结合，形成了多种跨学科理论，包括知识进化论、技术进化与预测等诸多理论，为社会科学特别是知识理论注入了新鲜血液，开辟了一条新鲜有效的研究路径。很多学者对知识的创造、进化规律与生物学进行了比拟化研究，发现两者存在诸多相似之处，前期的知识内容与知识体系都包含着后期知识内容与知识体系的胚胎和种子，新的知识是已有知识的新结晶和进化的结果，可见从生物学角度来研究知识的起源和演化规律，是知识科学发展的必然趋势，也已取得了较多的研究成果。

对知识演化的研究主要集中在四个方面：①知识演化的动因；②知识演化的过程；③知识演化的机制；④知识进化的规律与预测。知识演化动因研究的典型理论如知识基因理论和知识发酵理论，应用生物学理论来解释知识为什么会发生演化。关于知识演化过程的探讨相对比较多，如 Zollo 从生物进化规律入手来解释知识的进化，认为知识会在外部刺激与内部信息的共用作用下发生持续的变化，知识演化包括变异、选择、复制、保持四个阶段[173]。唐春晖把知识演化的过程归结为知识获取、传递、共享、发挥、更新五个阶段[174]。实际上，Konaka 的 SECI 模型也可以看做是知识演化的四个步骤。江文年和杨建梅对知识演化的过程与进化目标进行了深入研究，认为知识演化过程会沿着知识识别—获取—开发—存储—转移—共享—应用—创新—评估—淘汰的顺序进行[175]。知识进化的规律是由低级向高级形式演化，期间伴随着隐性知识和显性知识的转化过程，最终会走向类似生物统治地位种群渐次转化的知识更新阶段[176]。

通过文献查阅发现，虽然目前对于知识演化的论述较多，但多分布在整体模型论证和宏观规律的分析领域，对于新知识生成的微观机制很少论及，虽然很多论文都提出环境对知识演化的作用，但对具体的影响过程与影响机制没有深入的论述。

5.1.2　知识创造的类生物模型

在生物界中，物种的繁衍和演化受到内部和外部双重因素的作用，在内部，基因决定着子代的性状，高等级的生物都是有性繁殖，子代能够同时从父本和母本那里获得基因，这样既保持了物种的相对稳定性，也可保证性状的多样性；在外部，环境会淘汰掉相当多的物种，只有那些最适应环境的物种才可生存下来。在一代一代的繁衍演化过程中，新的物种会源源不断地出现，这些物种拥有更高的适应能力，从而使整个生态不断地演进，从低级到高级，谱写着一曲生命之歌。在 Living Lab 创新模式中，来源于多个主体的知识（包括用户知识）在相应的情境中碰撞交合，从而产生新的知识，在用户参与的验证和测试环节接受检验，不适应的知识被淘汰，经过检验的知识得以应用并进入知识基因池，丰富着知识的数量和种类，从而产生更完美的创新成果。

在生物界，物种进化遵循着从简单到复杂、从低级到高级的规律，这种规律可以用达尔文的自然选择理论进行合理的解释。首先是基因机制保证了物种会出现多样性，在环境的作用下，适应环境的物种会生存下来，而不适应环境的物种则被淘汰。在漫长的进化中，物种越来越复杂、越来越高级。物种演化的规律可以用图 5.1 来表示。

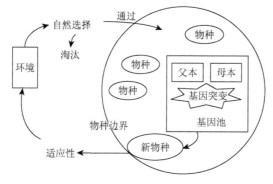

图 5.1　物种演化流程

在 Living Lab 创新模式中，用户作为一个重要的知识源引入系统，在知识共享平台中，来自各方的知识进行交流组合，形成新的知识，新的知识通过各种测试活动进行验证，正确并且适用的知识成为活跃知识，不适用的知识则被暂时封存。其过程如图 5.2 所示。

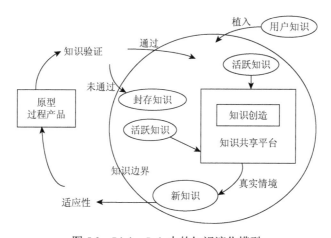

图 5.2　Living Lab 中的知识演化模型

可以看出，Living Lab 中的知识创造过程与生物演化过程有着很大的相似性，可以用生物演化理论进行解释。本章内容将按照图 5.2 所示的框架进行深入分析。

5.2　Living Lab 中知识的生成机理

在知识创造的过程中，必然会涉及新知识的产生过程，在 Living Lab 创新模式中，体现在核心创新团队知识数量的增加与知识质量的改善。传统知识创造 SECI 模型没有解释新知识是如何生成的，对知识演化过程也无预测模型，影响了对创新活动的实际指导功能。新知识的产生与应用是创新成功的重要前提与保证，新知识的生成机理研究非常必要。研究新知识的生成机理需要搞清几个问题，什么是新知识，新知识的来源和新知识的产生过程。Living Lab 中知识创造的特征与生物领域的生命形成与进化有比较强的匹配性，可用知识创造的类生物模型来对 Living Lab 中知识创造过程进行解释与模拟。

在生物学界，有明确的种群概念，生物体系可以从门、纲、目、科、属、种多个层次进行划分，知识也有类似的结构，如从哲学到物理学、化学再到具体的学术领域的划分。Smith[177]认为，生物物种改变的途径在于基因的重组与突变两种方式，由于基因复制的延续性与突变发生的稀缺性，在生物学界，一个全新的生物物种的出现是一个漫长的演化过程，知识领域也是如此，在现代竞争环境的快速变化背景下，人们在寻找推进知识演化速度的途径与方法。一些学者从生物演化视角来类比知识的产生过程，但这些研究往往只做了简单的对比，没有给出一个系统全面的生成机理。本书在这些研究的基础上，结合 Living Lab 的特征，试图给出一个比较系统的理论解释。Living Lab 作为一种创新方法，研究分布在创新层面，所以本书研究的知识对象不是大的知识门类，而是具体的知识，是分布在底层的知识。在这里本书给"新知识"提出自己的定义，所谓新知识，是与存量知识相比，具有新的"性状"或"性状组合"的知识，具有新"性状"的知识可能是原来不具有的知识，而具有新"性状组合"的知识是原有知识重新组合的产物。例如，在 Living Lab 的创新过程中，对用户需求的新发现，或者发现了解决问题的新方法，就属于具有新"性状"的知识；而对多个知识主体的知识进行组合，如根据用户的行为，结合原有知识，从而归纳出用户的需求趋势，或者应用另一个领域的方法，解决现实问题，就是具有新"性状组合"的知识。新知识的生成机理包括内部机理与外部机理。

5.2.1　知识生成的内部机理

内部机理是自生性机理，是在环境因素的刺激下，自身发生变化的机理。在生物学领域，已经知道决定生物性状的是基因，所以生物新"性状"的产生有两个途径，一个是新基因的生成过程，科学家已经在实验室中证明，在一定的环境、温度下，无机物可以转化为核苷酸，这是基因的重要物质基础，科学家推测，地球上最新的生命可能就是这样来的；另一个使得生物体自身发生变化的原因是"基因突变"，基因在外界因素的作用下，发生了结构上的某些变化，从而产生的新的基因，在新基因的作用下，生物体会生成相应的蛋白质，生物体也就获得了相应的新"性状"。科学研究表明，千变万化的物种出现的主要动力就是这些一次一次的"基因突变"。无论是草地上蒲公英还是在树间鸣叫的布谷鸟，它们竟然有 90% 以上的基因是相同的，极少数的不同基因，就成就了千千万万的物种。

对于知识来说，个体知识的自生性生成机理也有两个途径，一个途径是个体的学习过程，通过学习，使得个体对事物有了新的感知、新的认识，这些感知和认识在人的头脑中进行化合，就形成了新的知识，这也是一个知识基因的生成过程；另一个途径是知识基因的"突变"，表现为个体知识的"顿悟"。与学习过程不同，个体的"顿悟"其实是建立在已有知识的基础上的，个体已经具有相应的知识"基因"，在外界刺激和个体思索的双重作用下，获得了新的理解，获得了知识的"跃迁"。需要指出的是，"顿悟"是个体在已有知识基因基础上的知识结构改变，不能理解为隐性知识的显性化，而是知识在数和量上的实质性变化。

假设个体知识基因的形成过程可以用学习函数来表示，随着时间而逐步增长。而知识基因的突变则是一个随机函数。假设个体知识数量连续，则在没有基因突变的情况下，个体知识在 t 时刻的知识存量可用下面的公式表示：

$$F_s(x_t) = \frac{C}{1 + e^{-(t-k)}} \tag{5.1}$$

其中，C，k 表示常数。

知识基因的突变与现有知识存量有关，受外界环境刺激的影响，知识存量越大，外界环境的变化越大，发生突变的概率也越大，在考虑基因突变的情况下，个体知识在时刻 t 的知识保有量修正为

$$F_d(x_t) = \frac{C}{1 + e^{-(t-k)}} \left(1 + \mathrm{Ran}\left(F_s(x_t) + E \right) \right) \tag{5.2}$$

其中，C，k 表示常数；E 表示环境变化系数；$0 \leqslant \mathrm{Ran}(t) < 1$ 表示随机函数。

5.2.2　知识生成的外部机理

外部机理是在外界因素作用下产生变化的机理。在生物领域，外部机理首先

是交合机理，高等生物的繁衍过程基本上都表现为有性生殖，这种繁殖方式的好处是显而易见的。单性繁殖的生物基因源会受到限制，这种方式生物性状不受外界因素的影响，体现为生物性状的恒定性，很难适应环境的剧变，而有性繁殖的生物可以同时接受来自父本和母本的基因，根据数学上的组合原理，如果一个父本性状基因的个数是 x，母本性状基因的个数是 y，则子一代可能的性状个数是两者的乘积 xy，这就为新一代的多样性打下了基础，在变化的自然环境中，物种生存下去的可能性也会大大增加。实际上，生物学界存在着一套现成的竞争机理，可以保证在繁殖过程中，具有优良基因的父本可以优先得到繁衍的权利。在现代科学技术中，人类可以有意识的引入相应的基因，对物种进行有针对性的培育和改造。

知识共享是知识创造的重要形式，通过知识共享，个体将他人的知识吸收，将其他主体的知识与自己已有知识进行组合，从而形成新的知识。例如，现代医学引入数学、物理学、化学等知识，利用数学工具可以大大提高对病情诊断的效率和准确性，利用物理学和化学知识能够造出更好的药品，制作更好的手术器械和手术方法。对某个个体来说，也可以直接引入外部知识，进行有针对性的学习，形成新的知识。与生物的交合过程不同，知识的共享可以在多个主体间同时进行，形成新知识的概率与数量会更大。

本书认为，新知识的生成过程主要在个体层面，通过学习、顿悟、知识共享等途径，个体的知识首先得到更新，团队知识与组织知识可以看做是不同层面上对个体知识的耦合。新知识的生成机理，内部机理是主要因素，外部机理是建立在内部机理基础上的。

多个主体的知识交合所产生的新知识数量从可能性上看是各个主体知识基因数量的乘积，实际上，这个乘积是所产生知识量的上限，实际知识的产生过程受到各种复杂因素的影响，包括个体的吸收能力、交合能力、环境因素等。在这里，本书引入一个有效函数的概念，有效函数受上述各种因素的影响。在考虑外部机理的情况下，知识团队保有的知识存量可用如下公式表示：

$$F_G(x_t) = E \times f(r, m, e, \cdots) \times \prod_{i=1}^{n} K_{di}(x_t) \qquad (5.3)$$

根据文献研究与案例观察，本书将 Living Lab 中新知识的生成过程分为三个步骤，分别是与用户知识的交合、知识的共享与新知识的生成。本书如此划分在很大程度上是处于叙述的方便，而实际上，知识的生成贯穿于这三个阶段，很难将知识的共享行为与知识的生成分离开来。

5.2.3　与用户的知识交合

用户可以看做是市场的组成单元，在市场经济条件下，创新成功的重要标志是通过市场的检验。在用户需求呈现快速变化和多样性的现实趋势下，对用户需求和需求变化的准确把握成为创新成功的重要前提条件。把握用户需求的一个有效途径就是在创新系统中引入用户知识。

新知识的生成需要外部知识的引入、知识基因的组合与突变，这些途径与方法的前提是拥有一个完善的基因池，基因池是某一物种范围内所有的个体所包含基因种类的全集，其重要意义是其中包含的全部遗传信息[178]，这是知识创造的基础。

在已有的文献中，用户参与都被看做 Living Lab 的核心特征。第 4 章讨论了用户知识的获取机理，但用户知识的获取还只是知识创造的重要前提，Living Lab 还需要在此基础上做更多的工作。在 Living Lab 创新系统中，用户是重要的创新源，但还不是创新的主导者。用户知识的引入，为知识创造提供了合适的知识基因，只有把这些基因导入其他创新主体的头脑，知识创造的马达才会启动。所以，在 Living Lab 的创新过程中，所有的科研人员、开发人员首先要深入吸收用户的知识，植入用户知识基因，对自己的知识进行改造。

在 Living Lab 中，与用户知识的交合主要通过三种方式进行。第一种方式是直接交合过程，也就是与用户的直接交流过程，与第 4 章用户知识的获取过程是同步的。Living Lab 中的一部分成员会通过各种方式与用户交流，如很多 Living Lab 案例研究人员会进行田野调查，或者应用民族志等方法进行深入访谈，也可以通过网络技术进行线上访谈。在与用户的交流过程中，用户的主动知识会进入这些研究者的头脑，与研究者的现有知识进行交合，有可能发现用户新的需求，激发满足用户需求的新方法，从而产生新的知识。这种方式的优点是可以有效吸收用户的显性知识与隐性知识，知识交合的效果好，符合 Living Lab 真实情境的要求，在实际操作中经常使用。但这种方式局限于场地与时间的限制，效率受到影响，成本较高。第二种方式是依托 Living Lab 知识管理系统进行，用户的主动知识由知识获取者录入数据库，被动知识则由 Living Lab 用户信息采集系统自动录入数据库，Living Lab 中的其他主体可以随时查阅用户知识库中的知识。这种方式效率较高，也比较方便，适合线上学习，特别是显性知识的交合比较高效方便，但对隐性知识的交流存在较大困难，需要一些方法和工具的配合。第三种方式是间接方式，Living Lab 中的其他主体和直接参与用户访谈的个体进行交流，吸收相应的用户知识。在 BJAST Living Lab 中，就有相应的硬性规定，要求参与实地调研的人员与其他人就用户知识进行深入的交流。这种间接式的交合过程实际上会夹杂用户知识直接捕获者的基因，可能会带来一定的信息失真，但可以获得更多的知识基因，获得意外的知识。以上三种方式不是互斥关系，在实际操作中可以根据现实情况综合应用。与用户知识的交合过程如图 5.3 所示。

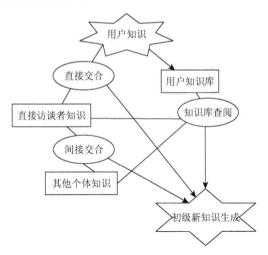

图 5.3　与用户知识的交合过程

5.2.4　知识的共享

正如生物体 DNA 的合成需要在细胞核中进行，知识的交合过程也必须在个体的脑子中进行，任何外在的知识载体如知识库、书本、会议室等都不可能成为知识交合的具体场所，知识的交合实际是个体的思维过程，需要一些创新性的思维方法，如逻辑思维、发散思维、聚合思维、联想思维、逆向思维、移植思维、分合思维等，将用户的知识与自己的存量知识进行有机结合，重新加工。Living Lab 中其他个体知识在与用户知识的交合过程中，会产生一些新的知识，但这个阶段的新知识还是一些初级的知识，还不能全面进入新产品或新服务的创新过程中，需要进行第二次交合——知识的大规模共享阶段。这个阶段是新知识大量生成的阶段，是一个实质创新的过程。Barton[179]认为，知识创造的源泉就是组织成员间的共享，知识创造的本质体现为将组织的知识转化为实践技术的能力。

知识共享是双向或多向行为，是一种知识在多主体间的分享行为。从层次上看，前面研究的用户知识转移行为属于个体间的知识转移，本节将知识转移行为扩展到个体间、团队间和组织间。知识不具有排他性，在知识从一个主体转移到另一个主体后，知识并不会在原来的主体消失，随着主体间的知识交流，还会产生新的知识，可见组织内成员间的知识共享可以增加组织知识，有利于创新。根据 Nonaka 的观点，组织内成员的知识只有逐步升华为组织的知识，才能够造就创新的基础。对于组织间的知识共享，只要组织间不存在机会行为，没有损害对方的动机，或者组织间在知识的利用收益、成本与风险分配上达成一致，知识共享行为也会对知识联盟各成员产生正面的影响。组织间的知识共享受知识主体因素、知识客体因素与知识共享途径因素的影响，本节在比较现有知识共享模式的基础上，对 Living Lab 创新模式中的方法与工具对知识共享的影响进行深入分析。

关于知识共享，很多专家给出了不同的解释。从知识共享效果方面的解释，如 Musen[180]认为知识共享行为可以使组织内的知识增加，达到"1+1＞2"的效果，指出知识共享行为可以为组织或联盟提供更高的价值。也有从知识共享过程方面的解释，如 Hendrinks[181]提出，知识共享涉及"知识拥有者"与"知识缺乏者"两类主体（从知识的异质性概念来看，这两类主体可以互换），知识共享是知识拥有者与知识缺乏者之间的分享行为，是有来有往的双向知识转移活动。Davenport[182]从交易理论来解释知识共享，并指出知识共享中既包含知识转移过程，也包含知识吸收过程，即知识共享=知识传送+知识吸收。还有从知识共享途径方面的解释，如魏江和王艳[183]认为，知识可以通过电话交流、当面访谈和基于网络的互动等交流方式将组织内个体间进行共同分享，从而将知识从个体层面转化为组织知识财富。还有学者认为知识的共享不仅使知识在个体、组织间流动，而且可以存储，便于以后的重复使用。

从知识演化的角度来看，知识共享行为包含大量的知识交流，知识在各个主体间流动，就如生物领域的杂交过程，在知识共享的过程中，在外部知识基因进入的情况下，知识在每个主体的头脑中重新组合，每个主体的原有知识结构都可能被打破，新的知识也就自然而然地生成了。当然，某一主体的知识是否会得以更新，知识结构是否会发生变化，这还取决于自己的知识接纳态度和知识吸收能力。Living Lab 作为一种开放式的创新模式，强调知识的共享与交换，鼓励每个主体吸收其他主体的知识。Living Lab 模式下的知识共享，是在现代信息通讯技术的辅助下，知识在个体、团队与组织间的交流与分享过程，实现知识的组织化，目的是创造新的知识，促进创新行为。

1. Living Lab 中知识共享特性

1）知识主体特性

Living Lab 创新模式中，从组织层面上通常会包含政府、企业、科研机构、高校、用户等主体，从个体层面上包含企业员工、科研人员、开发人员、用户等，主体来源于多个领域，各主体具体诉求不同，但具有共同目标，需要建立利益分配机制。其主体特性主要包括互补性、一致性、网络性。

Living Lab 中的知识共享具有互补性。在 Living Lab 模式中，知识共享行为主要发生在企业、科研机构、高校及用户等组织间和个体间，政府主要提供相关政策环境。各主体的知识在内容和特性上存在互补性：一方面，各主体拥有的知识具有异质性，每个主体或每类主体都可能拥有相对独特的知识；另一方面，各主体所需要的知识也是不同的，而自己所需要的知识，恰恰是另一方所富有的知识。主体间知识的互补性和异质性能够保证主体间的知识共享是互惠互利的，异质性的知识通过交流分享，可以使不同主体的知识从存量和质量两方面得到增长，也为下一步知识的集成和融合，最终创造出新的知识打下基础。从联盟理论来看，维持联盟不破裂的前提是联盟成员维持在联盟内部的收益不小于自身独立运行所得收益，Living Lab 中的各主体可以看做是一个知识联盟，知识的互补性和异质性是维持联盟稳定的必要条件。

Living Lab 模式强调主体间目标的一致性，也就是要求各主体拥有"共同愿景"。拥有"共同愿景"对知识共享与创新成功有非常重要的作用，因为只有各主体目标一致，才能够高效合作，在利益共得、风险共担、成果共享方面达成谅解和共识。收益与成本分配问题、知识产权问题一直是摆在国内外 Living Lab 面前的现实问题，只有各主体间在大目标上保持一致，这个现实问题才有可能找到解决方案。为保证 Living Lab 主体间目标的一致性，需要在 Living Lab 的组建过程中就加以解决，特别是在合作伙伴的选择方面加以注意，通过科学的评估方法和流程选择具有共同目标的合作伙伴，构建科学合理的收益与成本分配机制。很多专家早已指出，Living Lab 不仅是一种创新方法，还是一种组织模式。

在 Living Lab 中，知识共享同时发生在同一组织团队的个体间、不同组织团队的个体间，也发生在团队间和组织间，知识流动的线路错综复杂，形成一个复杂的知识转移网络。可见其知识共享具有明显的网络性，符合社会网络理论中的主要特征，可以用社会网络的属性来对网络中的知识流动进行描述和解释，如节点活性、嵌入性、流动性、连接强度等。活性节点是网络中具有自主思考能力和行为能力的个体或组织，节点位置不同，特征不同，其获取知识和转出知识的方式也不同，嵌入性是指知识主体深深植入网络关系中的行为，网络给知识提供了跨个体和组织边界的流动空间，节点间的连接强度影响着知识流动的速度和效果。

2）知识共享客体特性

知识共享客体是指知识本身，知识在各主体间的流动，丰富了主体的知识内容，也提高了知识质量。Living Lab 中的知识具备有明显的价值性与异质性。

知识的价值性体现在知识是导致创新的动力和基础，而创新最终会实现经济价值和社会价值。Living Lab 中的知识最终会转化为现实的产品或服务，满足个人和社会的需求，体现自己的价值性。例如，科研人员、开发人员、用户通过共同参与创新过程，各自贡献自己的知识，使得产品最终具备更高的用户价值、经济性和实用性，这就体现了经济价值和社会价值。

在知识网络中，科研机构、企业、高校、用户处在网络中的不同位置，在价值链上也处于不同位置，不同知识主体所拥有的知识在内容、数量上有显著差异，其知识形成了价值上的互补，用户知识代表着用户的需求及其需求演化趋势，企业掌握着具体的开发方法和工具，对市场有着强烈的敏感性，而科研机构和高校则体现着技术与知识的前沿性，异质性的知识资源进行合理组合，从而创造出更好的创新成果。

知识嵌入性是指知识高度深植于复杂的社会网络之中，嵌入性知识具有高度粘性，难以流动[184]，嵌入性知识具有高度的情境依赖性，Lam 认为嵌入性知识是存在于组织惯例与情境因素中的隐性知识[185]。本书认为，知识的嵌入性是指知识与其载体不可分离的特性，知识的嵌入性表现包括：嵌入人员的知识，嵌入工具、技术的知识，嵌入组织管理、规范中的知识。

3）知识共享方法与途径特性

Living Lab 中的知识共享离不开科学的方法和途径，依托方法和途径，知识才能在知识网络中转移、流动和吸收。Living Lab 强调应用信息通信技术和真实情境营造的方法，具有技术性和情境性的特征。

应用技术手段特别是信息通信技术打造知识共享渠道是 Living Lab 的重要特征，通过建立网络虚拟社区、引入数据管理系统、云计算等手段打造知识共享平台，这个知识共享平台包括知识发布系统、知识存储系统、知识查询系统、模拟交流系统等。通过技术手段，模拟真实的生活与创新场景，促进知识主体间交流与互动，鼓励知识共享行为，让知识共享成为一种乐趣。

为提高知识共享的效果，需要为知识共享提供一个有利的环境，这个环境应当有利于提高知识主体的转移意愿，增强知识理解能力、吸收能力和建构能力，促进隐性知识的转移。Living Lab 注重利用信息通信技术打造真实的创新情境，也鼓励各主体去真实的情境中进行体验，通过在真实情境中交流，促进知识共享。

2. 知识共享的影响因素

与知识共享特性相匹配，影响知识共享过程和效果的因素也可以分为三个方面：知识共享主体因素、客体因素和共享方法途径。

知识共享主体因素主要包括知识转移方与知识接收方的因素，因为知识共享中知识流动是双向的，所以主体因素对每方都是适用的。知识共享主体因素包括知识共享意愿、知识吸收能力等。

知识主体都希望能够吸收其他主体的知识，提高自己的知识水平，丰富自己的知识内容，提升创新能力。而是否愿意将自身的知识转移出去则受多种动机的影响，包括利益动机与目标动机，Living Lab 知识共享主体的目标一致性是知识共享行为的重要保障。知识吸收能力主要取决于知识搜寻能力、知识学习能力和新知识建构能力。

知识共享客体指知识本身，影响知识共享的知识客体因素包含知识清晰度、知识嵌入度、知识距离等[186]。知识的清晰度主要是指知识能否被清晰的描述、表达，也可以认为是知识的隐性与显性水平；知识的嵌入度是指知识与人员、工具、情境、规范的粘滞度，能否进行分离或整体转移；知识距离可以用主体间的共有知识数量来衡量。

影响知识共享效果的方法与途径因素指相关工具、方法、管理系统等，这些因素可能会对知识主体因素和客体因素产生影响，也会对对主客体之间的联接和情境产生影响，最终会影响知识共享效果。主要包括交流方法、知识存储、反馈方式等因素。

3. Living Lab 中的知识共享平台

在 Living Lab 中的知识共享过程中，利用信息通信技术打造的信息系统和相关工具成为重要的途径和保障。在欧洲的现有 Living Lab 中，对基于信息通信技术的工具和方法研究一直是一个非常重要的研究领域，并取得了非常显著的成果，而且对于信息搜集技术、信息交流技术和知识存储管理的技术的研究一直在稳步推进[187]。很多专家把欧洲 Living Lab 的概念定义为用户为中心、真实情境下的信息技术创新环境。根据调研资料与文献研究结果，基本每一个 Living Lab 都会配备基于信息通信技术的信息（知识）管理平台，其成为 Living Lab 可持续运行的重要保障。

通过对国内外一些 Living Lab 的研究，其知识共享平台架构也各有不同，通过归纳，可以发现其功能都会包含知识处理、知识存储、知识查询、知识交流等功能，其架构如图 5.4 所示。

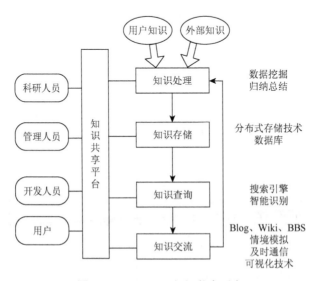

图 5.4　Living Lab 知识共享平台

（1）知识处理功能。在 Living Lab 创新过程中，需要收集大量的数据，为此，Living Lab 也被称为大数据时代的创新范式。用户信息与知识、用户行为数据、各类技术信息、市场信息等源源不断地进入到 Living Lab 的知识系统中，这就需要对这些数据进行加工处理，并根据自己的战略需要进行分类选择，执行知识挖掘，形成更加有效和结构化、组织化的知识，为进一步创新做准备。

（2）知识存储功能。结构化与半结构化的知识可以在知识共享系统的存储装置中保存，以便全部人员的检索查询。在系统中，这些知识以云计算的方式进行分布式存储，对知识的调取和分析工作也会调用不同组织机构的计算资源。

（3）知识查询功能。知识查询功能是知识共享系统的核心功能之一，所有的系统用户都可以根据自己的需求方便地查询到知识库中的结构化知识，也可以留下自己查询的过程记录和知识要求，以便系统改进。

（4）知识交流功能。知识交流功能是 Living Lab 知识共享系统最重要的功能。系统提供了基于信息通信技术的多种知识交流渠道，在知识的交流中，知识转移的速率与效果呈现高速改进状态。这个过程也是知识的动态积累过程，知识使用者在不断地应用知识，也在不断地对知识库进行丰富、补充，整个系统的知识呈现一个良性的循环更新状态。

4. 知识共享工具

Living Lab 强调信息通信技术的应用，比较推崇使用网络信息技术来进行知识交流，但传统的线下交流也不可避免，根据调研资料，绝大多数 Living Lab 仍然会比较多地使用线下模式。知识共享线下模式包含面对面的访谈、真实生活环境下的观察记录、共同开发等途径。针对线上模式与线下模式的优缺点，很多 Living Lab 试图去将两者进行有效整合，努力克服两者的缺点，发挥各自的优点。

在 Living Lab 知识共享系统中，越来越逼真可视化技术的应用是其典型特征，应用可视化技术打造虚拟现实情境，对知识共享会产生多方面的正面影响，借鉴张会平[188]的研究成果，本书认为这种影响包括认知优势、情感优势与沟通优势。

认知优势是指可视化技术可以对知识提供显性化的途径和辅助，让知识共享主体拥有更强的注意力、理解力、记忆力、想象力和表达能力。通过逼真的情境营造，让知识转移主体之间产生和面对面交流相似的体验，从而迅速提升情感联系强度，增加信任，在彼此信任的基础上，知识共享的效果自然会大大提高，这就是可视化技术的情感优势。沟通优势是指 Living Lab 中的知识共享平台为知识共享主体提供了很多沟通协作的渠道和手段，让主体间的互动可以随时随地进行，知识流动的速率增加，共享效果也会提高。

BJAST Living Lab 与芬兰阿尔托大学共同合作开发了 DIWA（digital war-room）系统。DIWA 系统是一个具有虚拟现实技术的知识共享工具，一方面，这个系统通过虚拟现实技术设计了虚拟会议室，可以通过转换背景图案的形式让人们感觉处于世界各地的科研人员处于一个会议室在交流，使人们迅速消除陌生感，建立情感联系，增强信任；另一方面，这个系统可以方便实现讨论信息的转换、记录和查阅，也是一个高效的知识共享工具。

5. 共享模式

知识共享存在不同的途径和方法，本书根据是否应用现代信息通信技术特别是网络技术将其分为两种模式：线下模式与线上模式，并各自分析其优缺点。

1）线下模式

线下知识共享模式通常都是面对面的交流和观察，这种模式的优点是显而易见的：首先，这种方式更容易在知识主体间建立起情感联系，从而增强信任感；其次，在交流过程中，就某一问题可以得到快速的反馈，有利于提高转移质量和效率；最后，由于交流是在真实的环境中进行，可以加强对知识的理解，非常有利于隐性知识的共享。

线下模式也存在诸多缺点：首先，交流的成本较高，对知识主体的工作影响较大，特别是目前知识主体间存在较大物理距离的现实情况下，这种模式需要花费大量的物资资源，不能保证交流的经常性；其次，当面访谈中由于知识主体会快速给出反馈，但其思考时间会不足，某些情况下会影响知识共享的准确性；最后，在当面交流中，一方面由于心理因素，一些人会有所保留，不愿说出自己的真实感受，另一方面，在东方文化中，交流者往往会服从权威，影响交流的效果。

2）线上模式

进入 21 世纪以来，信息通信技术与网络技术得到了突飞猛进的发展，网络交流工具层出不穷，互联网已经进入到 Web2.0 时代，云计算技术得到广泛应用，信息传送技术和虚拟现实技术日臻成熟，在很多领域取得较好的应用效果。目前线上进行知识交流的成熟产品很多，如 Wiki、Blog、BBS、网络主题社区、E-mail 等，还有很多即时通信工具，如 QQ、MSN 等。

科研人员通过线上模式进行知识贡献有很多优点：首先，交流成本大幅降低，便利性提高，可以保证高频度的互动，效率显著提升，符合现代创新的要求；其次，知识交流的形式多样，可以是及时反馈的形式，也可以是延时反馈的形式；再次，线上知识共享模式可以实名制，也可以是匿名，可以避免权威与领导的过高影响力，具有更好的民主性，可以保证信息的准确性，促使人们尽量准确地表达自己的意思；最后，线上知识交流可以更好地依托信息技术进行及时记录，让知识得以永久保存，让更多的人受益。

线上模式也存在缺点，虽然可视化技术已经发展到了较高水平，但线上交流模式对主体间情感联系强度还是不如面对面的形式，根据本书做的一些实验和调查，很多用户都感觉自己是在和冰冷的机器对话，很难感觉到当面交谈的亲切感，这对知识共享主体间建立起信任关系有负面影响。另外，在匿名制条件下，对知识的真假需要知识需求者自己做出判断，信息质量会受到影响，缺乏保障。

5.2.5　新知识的生成

本书认为，新知识的生成首先是在个体中发生的，个体知识的生成是由内部机制与外部机制决定的，主要途径包括对外部知识的学习、与外部知识的交合及个体本身的"顿悟"。从演化的角度来解释，包括自身知识基因的合成、外部知识基因的引入、与外部知识的杂交及自身知识基因的"突变"等途径。自身知识基因的合成是个长期的过程，在创新过程中难以作为调节变量，所以知识的杂交与知识基因的突变就成为 Living Lab 新知识生成的主要机制。在个体知识的基础上，伴随着 Living Lab 的各种创新活动，知识或逐步演化到团队与组织层面。

在 Living Lab 中，成员之间的知识共享过程也是主要的新知识生成过程，通过知识的共享行为，个体外部的知识逐渐进入个体内部，与自身的原有知识进行结合，通过知识基因的重组，生成具有新"性状"的知识（图 5.5）。通过调节知识共享行为的频度与深度，如应用信息通信技术建立和改善知识共享的条件，为知识共享行为提供各种便利，就可以促进知识基因的重组，从而促进新知识生成的速率。通过特定基因的引入，有意识地去改造原有知识的结构，如引入用户知识基因或引入某种特定领域的知识，可以提高个体知识的准确性，提高知识的效度。除知识的交合外，知识基因的突变或者说个体的"顿悟"也是新知识生成的重要来源，虽然知识基因的突变发生概率比知识交合低很多，但这种方式生成的知识效度很高，具有很高的针对性，往往可以准确地解决创新中的问题。可以通过构建真实的创新环境，或在真实的生活环境中进行知识共享行为，在外界因素的刺激下，提高知识基因突变的概率。

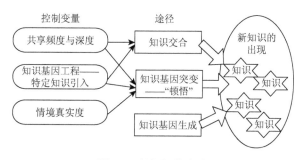

图 5.5　新知识的生成

5.3　Living Lab 中的知识进化机理

5.3.1　知识的进化机理分析

在生物学界，权威的进化作用机理是达尔文的自然选择理论，其他比较有影响力的是拉马克的"用进废退"理论。两种理论主要在进化动因、进化机理与可控制性等方面存在诸多分歧和对立。

1. 新达尔文主义观点

达尔文 1895 年发表的著作《物种起源：自然选择的方法》成为生物学界石破天惊的重要事件，成为生物进化研究的分水岭。按照达尔文的观点，物种的产生是自然选择的结果，生存在这个世界上的物种间由于资源的有限性存在着残酷的竞争，新物种只有与环境有更好的匹配性，比较其他物种更具有环境的适应性，才可以继续生存，那些不适应环境的物种会被残酷淘汰。地球上的典型物种系统从低级的三叶虫时代进化到恐龙时代，再到现代人类成为地球的主流生物（但还远远不是主宰），都是自然选择的结果。按照达尔文主义学派的观点，自然界的竞争主要表现为物种间为维系自身的生存而不断的适应过程，物种间的竞争是生物体延续和进步的引擎，如果没有这种无时不刻的竞争，物种也就不会进步。达尔文学说提出时，还没有出现分子学与细胞学，但后来的生物学理论如细胞科学的发展，证明达尔文学说是符合实际情况的，如 Weismann、Mendel 等建立了遗传学，在 19 世纪后期通过实验对物种竞争原理与遗传机理进行了验证。人们把强调达尔文"自然选择"机理，融合了孟德尔遗传理论与魏斯曼选择机理的理论体系称之为"新达尔文主义"。新达尔文主义理论后来被引入到社会学与管理学领域。

持新达尔文主义观点的学者认为，知识的产生、增长与生物进化与繁衍非常类似，知识也会经历生成、选择（淘汰）、进化、传播的过程，特别是在知识经济时代，各种新的知识不断涌现，很多知识在实践中被淘汰，少部分知识则生存下来，继续传承和繁衍。需要注意的是，按照自然选择的原理，知识的进化是外界作用的过程，是一种被动的适应，而不是主动的调整。进化的方向最终取决于外界环境的变化，是依靠大量的知识淘汰而实现的知识进化，在短期内或在某一时点，知识进化的过程具有随机性、不可控制性和不确定性，主体不能通过自身的主动调节来实现对环境的适应。

新达尔文主义观点下的生物进化与知识进化相似点如表 5.1 所示。

表 5.1　生物进化与知识进化

相似点	生物进化	知识进化
产生基础	母本与父本的结合	现有知识
选择	自然环境	知识应用环境
选择途径	不适应环境的物种被淘汰	知识只能被证伪，不能被证真
进化	幸存新物种得以生存	经过实践检验的新知识得到广泛应用
数量特征	指数增长	指数增长

根据新达尔文主义的典型观点，知识创造过程存在四个关键因素：第一是知识的变异，也就是知识在结构、功能、载体、内容等方面的变异，这种变异是新知识产生的基础，正是变异导致物种的多样性，如果没有变异，所有的知识会呈现相同的特性，在自然选择中可能会导致物种全部灭绝；第二是知识的选择过程，环境将不适应的知识淘汰，而其他知识则得以保留；第三是保留和存储，具有适应性的知识被组织保留下来，并在主体间扩散，这些知识会成为更新的知识的母本；第四是竞争机理，资源的有限性必然导致竞争，竞争就是优胜劣汰，是解决资源有限性问题的唯一出路。

2. 拉马克主义观点

在达尔文自然选择理论出现之前，拉马克的"用进废退，适者生存"理论曾经盛极一时。按照拉马克的观点，生物可以根据环境的变化主动调整自己的特性，如拉马克指出，长颈鹿的脖子之所以进化到那么长，是因为长颈鹿经常要伸长脖子去吃树上的树叶，一些器官用的越多，这些器官就会得到加强，而不用的器官就会逐渐萎缩。拉马克理论的另一个假设是这些后天获得的形状可以遗传，也就是"获得性遗传"。因此，拉马克进化理论总结起来有两点：一是所有的物种都拥有谋求更加完善、更加复杂的功能的天赋，物种进化依靠的是自己的内在潜力；二是物种面对环境的变化能够主动调整来适应环境，也就是物种会主动与环境保持协调，当物种与环境的平衡被打破，物种会主动改进自己的形状来适应环境。对此，拉马克本人也有清晰的论述[189]，拉马克认为环境因素能够对生物体的生理性状产生直接的作用，"用进废退"不是物种主观意识下的反应，而是一种"被逼无奈"。可见，达尔文主义与拉马克主义存在着很多分歧，拉马克认为环境的因素促进了物种的变异，变异总体上是朝着适应环境的方向上进行的；而达尔文主义则认为变异是生物主体的自发行为，短期内的变异是无序的、随机的，物种的进化则完全是自然选择的结果。

拉马克主义与新达尔文主义的进化观在很长时间内争论不休，但随着新的科学发现，新达尔文主义得到了更多的支持证据，拉马克主义则被证明是错误的，如 Weismann 经典的老鼠实验推翻了拉马克的观点。虽然说在生物学领域拉马克的观点被基本否定，但在管理学领域特别是知识管理领域，很多学者的观点都更加推崇拉马克主义，如 Nelson 和 Winter[190]、Freeman[191]、Blackmore[192]等知名学者都对此做了相关论述。诸多学者对拉马克主义有如此偏爱是有原因的，在现代社会剧烈的竞争态势下，对创新效率的要求越来越高，如在激烈的竞争下，德国大众设计一辆新汽车所用的时间越来越短，从几年时间缩短到不超过一百天，只有比对手更快地推出适应时代需求的产品，企业方可立于不败之地，在这种情况下，学者普遍都注重主观能动性的发挥。而拉马克主义进化观是建立在主动改进以适应环境的理论基础上的，这种方式明显有更好的方向性、可调节性和确定性，改进的效率也更高。

在现代创新行为中，系统中知识、工艺、制度、规范等方面的巨大进步都是对原有系统的"继承"与"创造"共同孕育的结果。对新时代下的知识主体而言，知识创造的发生可以是面对环境变化做出的主动应对行为，甚至是针对环境未来变化趋势而先期进行的主动调节行为。拉马克主义是对新达尔文主义下知识变异无序性与盲目性的补救行为，知识变异的目的性很强，旨在识别问题、探索原因和提出解决方案。知识创造是依托现有知识进行的，并且会持续增加企业知识的存量，知识的变异又依托存量，所以保证知识的变异在最大程度上减少随机性，知识的演化过程主要是一个渐变的过程，但也不排斥在某个时间点上的聚变或迅猛增加。

3. 对两种观点的融合

虽然说知识创造的新达尔文主义与拉马克主义存在着明显的对立，但两者之间还是有很多相同的地方。首先，两者都强调了环境对知识创造的重要影响，环境的变化会促进知识创造行为的发生；其次，两种理论在知识创造的目的性上是相通的，知识创造行为实际是为了适应环境的变化，无论这种变化是无意的还是有意为之；最后，两种理论都承认知识的传承性，知识不是凭空而来，而是以现有存量知识作为基础的，对于知识的产生，两种理论都强调继承与变异的双重作用。当然，两种理论的分歧还是显而易见的，在某些观点上还处于对立状态，如对于知识的进化机理，新达尔文主义否认知识进化的主观能动性，认为知识进化是在变异前提下自然选择的结果，而拉马克主义则认可知识进化的主观能动性，认为知识进化是可控的；当然，新达尔文主义下的知识创造将经历多个自然选择循环，效率不可避免受到影响，而拉马克主义观点下的知识创造效率可以显著提高。两种观点之间的区别和联系如表 5.2 所示。

表5.2　知识创造机理的两种观点

系数	新达尔文主义	拉马克主义
环境因素的重要性	非常重要	非常重要
知识创造目的	适应环境	适应环境
知识产生机理	继承和创造	继承和创造
知识进化机理	自然选择	主动适应
进化方向	随机性、不确定性	目标性、可预测性
进化效率	低	高

现代生物学已经证明，遗传的物质基础是 DNA，基因是具有某些特征的 DNA 片段，生物体遗传信息则被记录在这些基因中，这些信息的流动只能是沿着"DNA—RNA—蛋白质"的方向进行，而反向流动则会被魏斯曼屏障（Weismann's barrier）隔断，所以进化只能在大规模的种群层面进行，单个个体不能进行有意识的进化，或者说后天获得的形状是不能遗传的。这在生物学领域基本上否定了拉马克理论。赵健宇和李柏洲认为，在管理学领域，由于信息的流动不存在魏斯曼屏障，随意知识遗传物质的流动可以是双向的，从知识演化的特征上来看，单纯采纳或否定新达尔文主义或拉马克主义的做法都不可取[193]。拉马克理论缺乏知识对环境适应性进行解释的合理工具，知识创造、新知识的产生用新达尔主义来解释更加合理，而知识的存储、复制与共享则可以用拉马克的观点来进行合理的解释，所以知识创造过程更符合新达尔文主义，而知识的转移与共享更符合拉马克主义。经过进一步的研究，赵健宇认为显性知识的创造过程更具有拉马克主义特征，而隐性知识的创造过程更符合新达尔文主义特征。在此基础上，他应用二分法将两种观点进行融合，给出了一个融合性的知识创造过程模型。如图5.6所示。

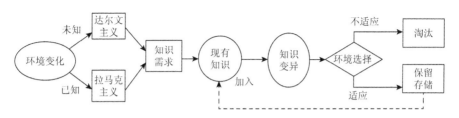

图 5.6　融合性演化的知识创造

5.3.2　知识的选择

知识共享阶段是新知识生成的主要阶段，新生成的知识需要进一步转化为实际的创新成果，接受环境的选择。在 Living Lab 创新过程中，用户参与设计与用户参与实际产品的测试是维持 Living Lab 高效创造力的重要手段，也是知识选择的重要方法。Living Lab 中的知识选择是一个持续的过程，需要经过的阶段并不完全相同。Living Lab 中的工具和方法，为知识的验证提供了而一个合适的环境，用户不仅是创新者，也是进行知识选择的重要载体。实际上，Living Lab 的知识进化和知识选择过程是相互依赖的，不能完全分割，本书如此安排是为叙述上的方便。

1. 原型开发

与生物体不同，知识既可以表现为精神、信念、判断力、洞察力、对事物的认识，也可以表现为惯例、技术诀窍、专利、理论等形式，具有无形性特征。在某个领域，知识是否正确、是否能顺利的转化为合适的产品与服务，很难进行直接判定，由于知识的无形性特征，知识也很难被准确度量。为了对知识共享阶段产生的新知识进行验证，本书必须建立相应的知识载体或知识容器。在 Living Lab 中，为了对知识进行验证，就要进行原型开发。在 Living Lab 的创新流程中，原型开发和测试是一个必不可少的阶段，也是创新成功的重要保证。原型开发和测试，可以用更少的成本发挥最大的改进作用，提高创新效率，降低创新风险。

在原型开发过程中，知识共享行为仍然会时刻相伴。原型开发的过程是一个典型的协作创新过程，通过知识共享，Living Lab 创新团队中的每个成员都会存在知识数量的增加与知识结构上的改变，为下一步的创新行为打下基础。在这个阶段，个体知识会表现为一个一个的创意，通过创新系统，这些创意再转化为具体的产品模型。产品原型的开发通常会通过头脑风暴等方法的使用，汇聚每一个创新者的创意，当然，并不是所有的创意都会进入原型的设计，原型设计过程仍然会有一个合理的引导过程，一些创意可能会被决策系统否决，可见原型设计过程也是一个知识选择的过程。需要指出的是，在 Living Lab 创新系统中，用户应当参与原型设计，并在设计团队中扮演一个重要的角色，最大程度上发挥用户的作用。

2. 原型测试（用户体验）与改进

原型开发完成后，需要对产品原型进行测试和改进，这个过程是知识创造系统的重要组成部分，知识在这个阶段要经过严格筛选，不能通过验证的知识会重新退回知识库，而通过验证的知识则会得到进一步的应用。原型的测试过程同时也是一个用户体验的过程，测试过程中同样离不开用户的参与，在每一个测试步骤都需要用户体验并给出反馈信息。原型测试的另一个重要功能是对知识进行评价，建立反馈系统，以利于知识的进一步优化和改进。在生物的演化过程中，环境选择的结果只有两种情况——生存与淘汰，知识的演化过程与此不同，结果不是二分的。在这里本书提出适应度的概念，用适应度来衡量知识适应环境要求的程度，生物演化环境选择的结果是优胜劣汰，通过多轮循环，使得新的生物更能适应环境，得以从低级到高级的进化，知识演化环境选择的结果是促进知识适应度的提高，从而使得知识得以在质和量两方面得以进化。

具体的测试过程与测试内容根据研究领域、环境情况进行合理设计。例如，在测试时，可以首先进行相应的技术测试，测试现有技术手段能否顺利地完成产品或服务的制作，在此基础上再进行下一步的测试工作；其次可进行实验室条件下的测试工作，在实验室条件下邀请用户和相关专家对产品和服务进行体验，然后进行结构式的访谈，在这个阶段，如果一些实际部署的条件尚未满足，为节约成本，可以借助虚拟现实技术进行；最后，有条件的情况下，尽量开展现场测试，在真实的环境中进行测试，保证测试结果的有效性。

在 BJAST Living Lab 项目中，原型测试主要分为用户参与的实验室测试、现场测试等阶段，包括五个方面的内容。

（1）创新性测试。足够的新知识进入服务或产品原型后，应当表现为足够的创新性。在本测试中，需要相关专家与用户共同进行。本产品市场上有无类似产品？与原有产品（类似产品）相比，有何新颖之处？是否满足了用户的需求？

（2）可用性测试。可用性的前提是可行性，在保证可行的基础上，测试产品或服务的有效性、效率和主观满意度。可用性测试需要让用户实际使用相应的产品，利用观察的方式收集数据，结合结构性的访谈来确定可用性。用户满意度应当作为可用性测试的核心内容，一个好的产品或服务应当能够给用户带来独特的感受，具有明确的用户价值。

（3）友好性测试。好的服务或产品应当具有良好的可操作性，便于操作，界面友好，使用便利，可以保证用户在愉悦的心情下顺利地享受服务或应用产品。所以应当测试产品的便利性、易操作性、容错性等。

（4）环境测试。服务或产品需要在特定的环境下运行，包括空间环境、物理环境、政策环境、文化环境等，一方面需要测试产品或服务对环境的适应性；另一方面也要测试产品和服务对环境的要求，也就是环境对产品的适应性，必要的情况下，也要对某些环境进行改造，以保证产品与服务的顺利部署。

（5）商业模式测试。在一定的市场和社会条件下，模拟将来的商业运营模式，测试产品和服务流程是否恰当，经济性或盈利性是测试的核心指标。

产品（服务）原型是由很多创意构成的，而这些创意的实质就是知识，是知识的具体体现，可见，对于知识的测度可以用这些创意来进行，相应的成果也可以作为知识的测度手段。测试目的是为了找出这些知识结晶的不足之处，并找到改进的方法。测试-改进是一个局部的反馈系统，知识在这里会有一个局部的微循环系统。

3. 知识选择模型

Living Lab 中的知识选择过程主要是通过产品原型和测试工作进行的，原型和测试提高了知识选择的频度，降低了选择的成本，选择频度的提高，可以在一定的时间内让知识经过更多轮的循环，提高了知识更新的效率，也促进了创新的进程。可见，Living Lab 中的知识选择是具有主观能动性的选择模式，这种模式使得知识演化过程具有了部分拉马克特征。应当指出，在后期的知识应用阶段，也会伴随着这些知识选择过程。

知识选择的最终结果可以促进知识适应度的提高，知识的适应度是个综合概念，可以用创新性、可用性（用户价值）、友好性、经济性的多个指标来衡量。设知识适应度用 C 来表示，则

$$C = f(X_1, X_2, X_3, X_4, \cdots) \tag{5.4}$$

其中，X 为适应度的二级指标。

在知识选择过程中，可以设一个阈值 C_0，通过选择的标准为

$$C \geq C_0$$

Living Lab 中的知识的知识选择模型可以用图 5.7 表示。

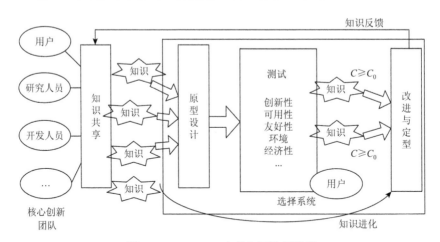

图 5.7　Living Lab 中的知识选择模型

5.3.3　知识的改进

知识选择机制是知识进化机理的主要体现，知识选择机制的理论基础是构建在"达尔文主义"理论之上的，知识的进化过程是一种被动式的精炼过程，也就是大部分的知识被淘汰，而少部分的知识得以最终应用。在这种知识进化途径中，需要产生或聚拢大量的知识，知识数量影响到创新的效果，Konaka 在其著作中对

此也有相应的说明，认为增强知识创造效果的一种途径就是增加知识创造过程中的数量。所以"达尔文主义"的知识进化过程在效率上不占优势，这与现代社会创新速率加快的现状不符，"拉马克主义"的知识进化理论在现代也得到了很多应用。拉马克主义提出"用进废退"的观点，这种观点虽然从生物学上已经被基本否定，但拉马克主义更强调内部变化的因素，在知识管理领域仍然可以给本书借鉴。即使在生物界，近来引起越来越多人关注的热点研究领域——"基因工程"，就有明显的拉马克色彩。所以，在知识的创造过程中，也是伴随着知识的主动改进行为，知识改进包括外部知识的引入与知识的主动改进两种方式。

1. 外部知识的引入

生物的演化过程给我们以启示，在知识管理领域，要更加注重外部知识基因的引入，促进知识的交合，通过知识基因的组合，生成具有独特基因组合的新知识，同时要创造条件，促进"知识基因的突变"，为新知识的生成提供支持。在充分了解基因信息与原理的情况下，可以借鉴生物学界的"基因工程"，有意识地引入相应的知识基因，进行基因植入，产生新的知识。

在 Living Lab 创新过程中，外部知识的引入主要包括用户知识的引入与专业知识的引入。在产品（服务）的测试过程中，需要用户的全程参与，用户的反馈与评价是知识是否通过选择的重要标准，同时，在测试过程中，用户也会提出相应的改进建议，用户的感受、评估值和建议都是重要的知识来源，核心创新团队在整个创新过程中都会及时引入用户知识，根据用户的实际需求对产品与服务进行改进。

除用户的知识外，还包括相应的专业知识，在知识选择过程中，经常会出现知识的空白区域，也就是在某一关键领域没有相应的知识通过选择，这就说明创新过程中的知识不具有完备性，需要将空白领域填补起来，方能实现成功的创新。填补空白知识领域的一个途径就是引入外部的专业知识，这需要及时调整核心创新团队的成员构成，引入外部知识。可见，Living Lab 组织结构的开放性与动态性对创新成功是极端重要的。

2. 知识的主动改进

按照知识创造的"拉马克主义"观点，可以主动改善知识的性状来适应未来环境的要求，知识的主动改进避免了自然选择式的盲目与浪费，也保证了效率，所以知识创造的"拉马克主义"理论在实践中也得到了较多的应用。知识的主动改进需要先明确改进的方向，所以知识的主动改进更多的体现在显性知识领域。对于知识改进方向的把握主要依靠两个途径：一个是根据用户需求做出的产品服务预测；另一个是根据知识选择的结果来综合判断，这两个途径也可以综合应用。

知识的主动改进也分布在不同的阶段，在知识选择前阶段可以根据用户需求预测来对知识进行优选，从而减少知识处理的数量；在知识选择后阶段，则可以根据知识选择结果来对知识改进方向进行进一步的修正，从而更好地指导知识的改进；在产品与服务商业化以后，仍然需要持续接收用户的反馈知识，继续对知识进行优化。

知识改进的手段与新知识的生成机制相类似，包括外部机制与内部机制，外部机制仍然是外部知识的引入与交合，内部机制则是核心创新团队知识的进化与突变机制。

知识改进的机理如图 5.8 所示。

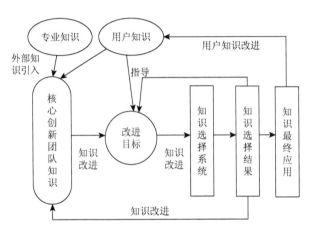

图 5.8　Living Lab 中的知识改进

5.4　本 章 小 结

本章基于"演化"的视角，借鉴生物演化理论，用生物的繁衍过程来隐喻 Living Lab 中知识创造的过程，根据 Living Lab 知识创造特征，对 Living Lab 中知识的生成与知识的进化过程进行了深入分析。新知识的生成机理包括内部机理与外部机理，内部机理即知识的自然生成与知识的突变机理，外部机理则主要是知识的交合机理，在 Living Lab 多主体的知识共享过程中，通过知识的分化与重组，新知识得以源源不断的产生。Living Lab 的知识验证与选择机制，能够对知识进行高效率的改进与精炼，有利于知识的进化。

第6章　Living Lab 中知识创造三维演化分析

用户知识的获取过程与知识的演化过程构成了 Living Lab 中知识创造的总体流程,但仅研究其过程机理尚不能形成完善理论,为了对 Living Lab 知识创造过程进行理论指导,还需在总体层面进行归纳总结。知识创造既包括知识数量与质量的改善,还包括知识在不同层面载体上的转进,以及知识形态的变化。研究 Living Lab 知识创造机理的最终目的,是在实践中有效的应用这种方法,特别是在方法论层面对这种方法进行指导与改造,使其发挥更大的作用。Living Lab 作为一种知识经济时代自下而上的创新模式,注重现代创新方法和工具的应用,在方法论维度的分析有重要的实践意义,本章借鉴 Nonaka 知识创造模型的研究成果,增加方法论维度的研究,从认识论、本体论与方法论三个维度对 Living Lab 中的知识演化机理进行深入分析,从总体层面归纳其知识创造机理。

本书同时基于演化理论对认识论与本体论维度的模型进行重新构建,建立 Living Lab 创新模式下的知识三维演化模型,能够更加全面地对 Living Lab 知识创造过程进行分析,对其机理做出合理的解释,特别是在通过本体论维度与认识论维度演化机理的分析,在方法论维度上进行合理的归纳与总结,对 Living Lab 的知识创造过程提供指导工具,达到 Living Lab 模式有效应用的最终目的。

6.1　三维演化模型构建

6.1.1　各维度分析

在本体论维度,与 SECI 模型类似,主要研究 Living Lab 中的知识在载体层面上的转化。Living Lab 由多个利益相关体组成,由第3章的分析可知,Living Lab 组织结构不同于传统的创新联盟,具有个体性、层次性、虚拟性与动态性的特点,在 Living Lab 中,组织界线被打破,个体知识有重要的作用,打破组织界线的个体又重新组合为创新团队。在 Living Lab 中,存在着用户、科研人员个体、普通创新团队、核心创新团队的层次分布,其中,核心创新团队知识对知识创造起着关键作用,Living Lab 创新绩效的提高,在很大程度上依赖于知识从外围向核心创新团队的演进过程与演进效率。所以,在本体论维度,要重点研究知识在各层次载体上的演进规律,从而找到提高知识在本体论维度上研究效率的手段。

在认识论维度,一方面,本书基于显性知识与隐性知识的二分法研究 Living

Lab 中的类 SECI 规律,弥补 SECI 模型缺乏外部知识引入与组织界线限制的缺陷,力图提出新的解释模型;另一方面,必须克服 SECI 模型无法解释"新知识如何生成"的弊端,跳出"知识二分法"的窠臼,从更多的知识特性层面研究知识的创造过程,特别是知识数量的增加和质量的改进过程与诸多知识特性的关系,基于知识演化视角,本书用知识"性状"来界定知识的特性,试图解释知识"性状"与知识创造的关系;在知识的方法论维度,重点从如何促进知识在前两个维度的演进为落脚点,研究方法层面与环境层面的解决措施。

知识的"性状"直接影响着知识的适应度,这里的"性状"是指知识的各种属性,可以用来综合衡量知识的综合效果。用来表征知识属性的方法很多,如汤姆·奈特的知识六分法就可以看成是知识的六个属性,但这个属性集与创新领域契合度不高。Living Lab 所处的创新领域大部分在信息产品或服务方面,这些就要求知识首先要高度反应用户需求;其次,产品与服务要在技术上可行,并且具有技术先进性;Almirall 和 Warehanm[194]在对欧洲的多个 Living Lab 项目进行调查后发现,很多项目的失败归因于没有及时地实现商业化或者在商业化方面存在缺陷,他建议在 Living Lab 中要加强商业运营方面的资源,提出 Living Lab 的创新成果要保证能够快速实现商业化部署,可见知识的商业属性也是一个至关重要的因素;最后,知识应当表现出很强的新颖性与创新性,这是竞争力的表现。知识的"性状"是由知识基因决定的,所以本书对个体知识用四个等位基因来表示,很显然,基因与"性状"是一一对应的关系。

本书用 g_1, g_2, g_3, g_4 来分别表示这四个等位基因,每个等位基因的属性值用一个非负实数来表示,也就是 $g_i \in R^+$,这个属性值可以看成是对相应性状的评价值,是为了对知识进行优劣比较而设定的。四个等位基因形成一个基因串,如表 6.1 所示。

表 6.1　个体知识基因串

个体知识	等位基因 1	等位基因 2	等位基因 3	等位基因 4
特性	用户需求	技术性	商业性	新颖性
属性值	非负实数	非负实数	非负实数	非负实数

研究 Living Lab 中知识在本体论与认识论维度的演化规律,分析影响因素与影响机理,目的是对演化过程进行干预,找到提高演化效率的的方法。Living Lab 本身即为一种创新方法,应当在方法论上有所突破,为提高创新效率、降低创新风险设定严谨的操作规范与流程,将创新经验与知识有效融入,所以本书增加了方法论维度的演化分析。

在方法论维度,一方面要研究 Living Lab 中创新流程、现有方法与工具对知识在本体论与认识论上演化的影响规律；另一方面要大胆革新，根据实际情况归纳新的方法和工具，促进 Living Lab 的规范化。

6.1.2　模型假设

根据主体特性，本书把 Living Lab 中的个体分为两类：第一类是参与的用户个体；第二类是除用户以外的其他个体，包括科研、设计、开发、商业、管理人员等。第二类个体中又可以分为两个群体：一是紧密参与产品（服务）设计的团队，称为核心创新团队，部分用户可能属于这个团队；三是除此以外的个体，属于辅助创新团队。

对于每个知识基因，用一个非负实数来表示属性值，值的大小代表相应的属性强弱。本书设定，在初始阶段，各类个体在知识基因上具有差异，如用户知识的"用户需求"属性值较大，科研人员在"技术性"属性值上具有优势等。用下脚标 c 来表示核心创新团队，用下脚标 u 来表示用户，则对个体基因来说，有

$$g_{c1} < g_{u1}，\quad g_{c2} > g_{u2}，\quad g_{c3} > g_{u3}，\quad g_{c3} > g_{u3}$$

在初始状态，可以设每个用户的知识只有一个基因属性值，记为 $G_i\left(g_{1i},0,0,0\right)$。

根据知识的特性，有如下结论。

（1）知识共享的非劣化。在个体间的知识转移与知识共享过程中，当两个个体的知识进行交合后，双方知识基因属性值会发生变化，且皆为非劣化的变化过程，也就是双方知识基因的属性值都不会降低。这与生物领域的杂交过程不同，知识子代不会出现退化的现象。个体的知识除遗忘以外，知识不会因为与别人的分享而消失，只会丰富自己的知识。正如萧伯纳所说，"你有一个苹果，我有一个苹果，我们彼此交换，每人还是一个苹果；你有一种思想，我有一种思想，我们彼此交换，每人可拥有两种思想"。

（2）知识创造受个体特征影响。知识创造的最终场所是个体的思维系统，也就是个体的头脑。知识分享后，会在双方知识个体的思维系统中产生新的知识性状，双方的知识基因都会发生改变。但某一方个体来说，自己知识基因的改变过程不仅与分享对象的知识基因有关，也与自己原来知识基因状态高度相关。吸收能力强的个体，知识创造的能力也强，对于知识基因属性值改善的效果也会更加显著。

（3）个体知识等位基因间相互独立。为简化研究过程，本书设定对于个体知识 DNA 链上的四个等位基因，某一个基因属性值的变化不受其他等位基因属性值的影响。某一等位基因属性值的变化仅与基因突变与个体间知识交合行为有关。

在知识演化模型中，对知识的测度方法是个难点，对知识的测度方法可以从

知识载体、知识成果等方面进行，根据 Ciborra[195]和 Stacey[196]，知识创造能力表现在知识能够适应商业环境的检验，从而使企业拥有更强的环境适应性和竞争力，可见，知识应用最终效果可以用来衡量知识创造的绩效。知识的最终载体是个体，无论是规则、制度、技巧、经验，最终都需要依托某个个体才可发挥作用，本书将个体知识作为研究的落脚点。

综上所述，本书初步确定出了 Living Lab 知识三维演化模型的框架，如图 6.1 所示。

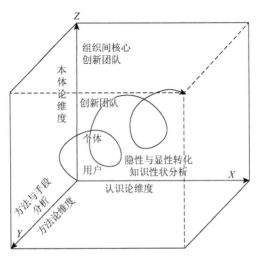

图 6.1　知识三维演化模型框架

6.2　本体论的演化机理分析

6.2.1　知识演化路线

Konaka 在针对组织内知识创造的研究中，指出知识沿着个体—团队—组织的路线螺旋式上升。Living Lab 是一种开放式的创新模式，在本体论维度上的知识演进和组织内有着很大的不同。作为一种自下而上的民主化创新模式，Living Lab 比较重视激励、发挥个体的创造力，但 Living Lab 不是一种放任自流的创新模式，仍然要将个体进行有机的组织，个体间联系的紧密度仍然影响着创新能力。Jacobus 将 Living Lab 描绘为一种虚拟组织，实际上，Living Lab 有动态联盟的特征，但大部分这种"联盟"还没有到达战略层面，是一种低于战略层面的协作式创新组织。

用户是 Living Lab 的重要创新源，Schumacher 和 Feurstein[197]对欧洲 Living Lab 中各类参与者扮演的角色进行深入调查后发现，虽然很多 Living Lab 都在理念上强调"用户驱动""用户创新",但在实际运行过程中,用户扮演的角色往往仅限于"展示需求""提供创意"和作为测试者,实际参与产品设计的例子非常少。本书认为,Living Lab 核心理念之一应当是"用户参与创新",而不是"用户主导创新",用户在创新过程中的重要意义是为创新提供必要的信息和指导,而不能过多注重"用户设计",实际上,"用户设计"的机会仅仅应当出现在当用户拥有不能显性化的隐性知识部分,必须通过行动来向其他成员进行展现。用户在 Living Lab 中扮演的是一个知识拥有者和知识传递者的角色,参与知识创造的过程,但不是知识创造的核心主体。

本书提出一个 Living Lab"核心创新团队"的概念,核心团队是最终进行产品设计和部署的团队,是将知识最终进行实体化进入商品阶段的个体组合。核心创新团队中可能会有用户个体,也可以没有。创新成功的前提条件是核心团队的每个成员均拥有了创新所要求的知识基因的全集。

通过对 Living Lab 的创造过程进行观察与总结可以发现,Living Lab 中的个体来源于异质性较为明显的组织,基于共同愿景进行合作创新。在组建之初,个体知识会带有明显的原组织特征,特别是知识领域与思维方式。用户知识在知识创新系统有重要的作用,可以说 Living Lab 知识创造活动是在用户知识的基础上开始的。Living Lab 各类个体在高频度的知识共享活动中,逐步形成具有创新团队,在此基础上形成紧密的组织间研发团队,这个研发团队是一个新的虚拟组织,成员来源于原来各组织,团队层面的知识对于创新具有直接的重大影响。所以,从本体论维度来看,Living Lab 中知识演化的路线是用户—个体—创新团队—组织间核心创新团队,组织间团队的知识越完备,创新成功的概率越高。

6.2.2　本体论演化模型

1. 模型选择

为了揭示系统中某变量的演化特征,常微分方程得到了广泛的应用。目前对常微分方程的研究已经经历了 300 多年,常微分方程在实践中的应用形式也得到了极大的丰富和扩展,从应用重点领域看,已经从研究常微分方程的解析解转为定性研究解的状态,以及分析变量之间的关系。微分方程逐渐发展为微分动力系统,出现了很多形式的微分动力学模型,应用领域包括力学、管理学、经济学、生物科学、系统科学等方面,近年来,微分动力学模型在知识管理领域也得到了很大发展。

随着社会的发展,知识创造系统也逐渐呈现出高度复杂化的特征,涉及诸多变量,各变量之间关系也千变万化,很难进行精确的计量。为此,对此类问题的研究也逐步转向利用定量方法进行变量变化规律的定性描述。计算机技术的进步,为模拟此类复杂现象提供了工具，近年来系统动力学类的模拟软件也获得了巨大进步。

微分动力学模型具有几个显著优点，在很多领域得到了有效应用。首先是直观性，微分动力学模型通常表现为多个常微分方程组成的方程组，变量间的关系可以用公式进行直观的表示，可以更好地展现变量间的作用机理，适合进行因果分析或变量作用机理分析；其次是灵活性，通过调整一个或多个变量，可以对某变量进行敏感性分析，也可以对自变量的贡献度进行对比分析，特别是随着计算机技术的发展，在很多微分方程难以得出解析解的情况下，可用计算机进行模拟，增加了模型的灵活性；最后是该模型简便高效，分析结果信息量大，有利于研究目标与手段的改进措施。

微分动力学模型适合对连续变量进行分析，也可对间隔较小、具备较长延续时间的离散型变量进行模拟分析，特别是研究目的为判别变量作用机制的定性分析方面，微分动力学模型具有明显的优势，这也是微分动力学模型近年来在知识管理领域得到较多应用的原因。相对与蒙特卡洛模拟方法，微分动力学模型在模型构建方面更直观简便，分析所得的信息量也更大，故本书选择微分动力学模型来对 Living Lab 中知识在本体论维度上的演化规律进行研究。

2. 参数说明

如前所述，Living Lab 知识创造过程在本体论维度上是从用户知识获取开始，演化至组织间核心创新团队层面。在这个层面，有很多种类的知识在演化，由于多种知识的演化过程可以看成是各种知识的叠加，不失一般性和代表性，本书通过模拟用户知识在本体论维度演化过程来研究其一般规律，同时用户知识的演化过程也是方法论维度用户知识基因的植入过程。

根据前文论述，核心创新团队成员得到用户知识基因的途径有三类：其一是与用户的直接接触交流；其二是与所有创新团队成员之间的知识共享，特别是与直接参加过用户获取工作的成员进行交流；其三是自我学习，包括在学习基础上的"顿悟"，也就是知识基因突变。上述第一种途径属于直接交合途径，第二种途径属于间接交合途径，第三种途径属于自生性基因突变。

设 Living Lab 中有 N_1 个用户个体，科研、设计、开发、商业、管理人员的总数是 N_2，在 N_2 中，有 C 比率的人员为核心创新团队成员，A 比率的人员为辅助创新成员，$C + A = 1$。本书可以把核心创新团队成员总数量记为 N_{2C}，显然 $N_{2C} = N_2 \cdot C$，同理，辅助创新成员总数量为 $N_{2A} = N_2 \cdot A$。对于每个群体，本书都分为两类：一类为知识基因的欠缺者，本书记为 S 类成员；另一类为知识基因的拥有者，本书记为 T 类成员。函数 $S_i(t)$ 与 $T_i(t)$ 分别表示在时刻 t 第 i 类组织知识基因欠缺者与拥有者占该组织成员总数的比例，假设对每类组织来说 N 都足够大,可以把 $S_i(t)$ 与 $T_i(t)$ 看成连续可微变量。由于用户知识的特殊性与重要性,Living Lab 通过制度安排强制创新团队去引入用户知识,引入的方式是通过各种方式获取用户的需求信息,向用户学习咨询,以及团队间的讨论等,这些可以看成是与用户知识的交合过程。但是,并不是简单的交合一定可以获取用户基因,知识基因获取效果还取决于接触强度的高低,接触强度可以理解为与用户知识基因拥有者知识分享、交流、学习的用功程度和频率,也受双方知识转移意愿的影响,设接触强度为 β,则组织 i 成员与组织 j 成员间交合强度可记为 β_{ij}。核心创新团队成员与用户的接触强度就是 β_{12C},用户中的某个知识基因拥有者在单位时间内与核心创新团队中 S 类成员的接触强度就是 $\beta_{12C}S_{2C}$,可以计算出在单位时间内,用户成员与核心创新团队中的 S 类成员的接触总数为 $\beta_{12C}S_{2C}N_1$,这个总数的意义是在单位时间内通过与用户的直接交合行为使得核心创新团队中获得用户知识基因成员增加的数量,同理,在单位时间内核心创新团队通过与辅助创新团队中的 T 类成员(由于这些人员在前期参与过用户知识的获取工作,自己已经拥有了用户知识基因)接触交合增加的用户知识基因拥有者数量为 $\beta_{2A2C}S_{2C}N_{2A}T_{2A}$。对于核心创新团队成员来说,基于对用户行为数据的观察和学习,可能会产生基因突变,假设基因突变的概率是 γ,则单位时间内增加的知识基因拥有者人数为 $\gamma N_{2C}S_{2C}$。另外,个体拥有的知识可能会被遗忘,一个知识拥有者遗忘知识后就变成了知识欠缺者,一般情况下,遗忘者的人数与知识拥有者人数呈现正相关关系,设某群体遗忘率为 v,单位时间内其人数减少数量为 vNT 。

6.2.3　微分动力学分析

这样,本模型就存在三类组织,即用户 N_1、核心创新团队 N_{2C} 和辅助创新团队 N_{2A},某种知识在它们之间的演化过程如图 6.2 所示。

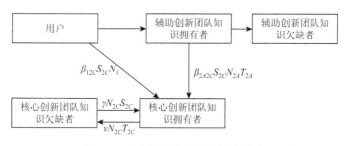

图 6.2　存在论维度的知识演化过程

根据以上假设,构建微分动力学模型。

$$
\begin{cases}
\dfrac{\mathrm{d}(N_{2C}S_{2C}(t))}{\mathrm{d}t} = v_{2A}N_{2C}T_{2C} - \beta_{12C}S_{2C}N_1 \\[2mm]
\dfrac{\mathrm{d}(N_{2C}T_{2C}(t))}{\mathrm{d}t} = \beta_{12C}S_{2C}N_1 + \beta_{2A2C}S_{2C}N_{2A} + \gamma S_{2C}N_{2C} - vN_{2C}T_{2C} \\[2mm]
\dfrac{\mathrm{d}(N_{2A}T_{2A}(t))}{\mathrm{d}t} = \beta_{12A}S_{2A}N_1 + \gamma S_{2A}N_{2A} - vN_{2A}T_{2A} \\[2mm]
S_i(t) + T_i(t) = 1 \\[1mm]
S_{2C}(0) = N_{2C} \\[1mm]
T_{2C}(0) = 0 \\[1mm]
0 < v, \gamma < 1
\end{cases}
\tag{6.1}
$$

对上述模型进行化简，得

$$
\begin{cases}
\dfrac{\mathrm{d}S_{2C}(t)}{\mathrm{d}t} = v_{2A}T_{2C} - \beta_{12C}S_{2C}N_1 / N_{2C} \\[2mm]
\dfrac{\mathrm{d}T_{2C}(t)}{\mathrm{d}t} = \beta_{12C}S_{2C}N_1 / N_{2C} + \beta_{2A2C}S_{2C}N_{2A} / N_{2C} + \gamma S_{2C} - vT_{2C} \\[2mm]
\dfrac{\mathrm{d}T_{2A}(t)}{\mathrm{d}t} = \beta_{12A}S_{2A}N_1 / N_{2A} + \gamma S_{2A} - vT_{2A} \\[2mm]
S_i(t) + T_i(t) = 1 \\[1mm]
S_{2C}(0) = N_{2C} \\[1mm]
T_{2C}(0) = 0 \\[1mm]
0 < v, \gamma < 1
\end{cases}
\tag{6.2}
$$

由式（6.2）可得

$$
\begin{cases}
\dfrac{\mathrm{d}T_{2C}(t)}{\mathrm{d}t} = -\left|\beta_{12C}\dfrac{N_1}{N_{2C}} + \beta_{2A2C}\dfrac{N_{2A}}{N_{2C}} + \gamma + v\right|T_{2C} + \beta_{12C}\dfrac{N_1}{N_{2C}} + \beta_{2A2C}\dfrac{N_{2A}}{N_{2C}} + \gamma \\[3mm]
T_{2C}(0) = 0 \\[1mm]
\gamma, v \in (0,1)
\end{cases}
\tag{6.3}
$$

式（6.3）的解为

$$
\begin{cases}
T_{2C}(t) = \dfrac{\beta_{12C}\dfrac{N_1}{N_{2C}} + \beta_{2A2C}\dfrac{N_{2A}}{N_{2C}} + \gamma}{\beta_{12C}\dfrac{N_1}{N_{2C}} + \beta_{2A2C}\dfrac{N_2}{N_{2C}} + \gamma + v}\left|1 - e^{-(\beta_{12C}\frac{N_1}{N_{2C}} + \beta_{2A2C}\frac{N_{2A}}{N_{2C}} + \gamma + v)}\right| \\[4mm]
\gamma, v \in (0,1)
\end{cases}
\tag{6.4}
$$

式（6.4）可以用来表征 Living Lab 中某一知识向核心创新团队演化的过程与趋势。

6.2.4　分析结果讨论

首先来对 $T_{2C}(t)$ 演化趋势进行讨论，当 $t \to \infty$ 时，对于式（6.4）求其极限：

$$\lim_{t \to \infty} T_{2C}(t) = \frac{\beta_{12C} \dfrac{N_1}{N_{2C}} + \beta_{22C} \dfrac{N_{2A}}{N_{2C}} + \gamma}{\beta_{12C} \dfrac{N_1}{N_{2C}} + \beta_{2A2C} \dfrac{N_2}{N_{2C}} + \gamma + v} = 1 \tag{6.5}$$

根据式（6.4）可知 $T_{2C}(t)$ 在定义域上是关于 t 的单调递增函数，本书可以利用一些计算机工具对此模拟出图像，如图 6.3 所示。

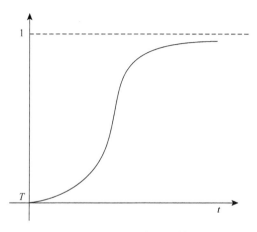

图 6.3　$T(t)$ 渐进图像

根据图 6.3 可以看出，核心创新团队中的某种知识拥有者的比例是随时间增加而增加的，图形呈现 S 形，在初期，核心团队知识拥有者的比例增长平缓，可见知识基因的引入初期需要更多的交流和接触，具有一定的困难，存在一些障碍，在渡过平缓期后，在前期植入的知识基因作用下，增长速度急速加快，可见对于知识的演进来说，已有相似知识基因是知识增长的催化剂。到后期，随着数量的逐渐饱和，新知识的植入过程会逐步放缓。

从知识本体论维度演化过程可以看出，假设 v 为一个常数，根据式（6.4）可以得出，$T_{2C}(t)$ 与参数 β_{12C}、β_{2A2C}、N_1、N_{2A}、γ 均为正相关关系，同理，在知识认识论演化维度，式（6.11）中的参数 g_{in}、r_{in} 与 g_n^A 皆为正比关系。通过知识选择过程，平均知识基因属性值会逐步提高，可见，为了促进知识在本体论维度上的演进速度，应当从以下四个方面采取措施。

（1）增加接触强度，提高交合效果。影响接触强度的因素有很多，如知识转移双方的接触意愿、接触的频度与深度等。这就要求为 Living Lab 中的知识共享行为提供相应的平台和环境，让创新团队能够高效便利地进行知识共享，这与本书前面描述的 Living Lab 中的知识共享系统是高度吻合的，也是 Living Lab 中的重要调节变量。

（2）在 Living Lab 系统中增加用户数量。用户数量越多，知识演化的速率也越快，为了保证有足够数量的用户知识基因植入系统，足够的用户数量是一个前提条件，在实践中，很多 Living Lab 提出不仅要保证有足够的领先用户参与创新，同时也通过开发信息通信技术辅助手段等途径保证更多的普通用户能够参与到 Living Lab 的创新过程中来，这个推论也是与实践高度吻合的。

（3）保证辅助创新团队人员的数量。Living Lab 属于自下而上的创新模式，利用各种方法和工具汇聚多个创新主体的智慧，虽然说核心创新团队会最终主导产品或服务的设计工作，但能否发挥每一位创新者包括用户的作用是其创新成功的关键因素。辅助科研人员的知识是形成最终知识体系的重要基础，在知识的传递过程中，辅助科研人员也扮演着重要的角色，在 Living Lab 的创新过程中，应当尽量保证辅助创新团队人员的数量。

（4）调整情境因素，促进知识基因突变。知识基因的突变能够带来更加新颖的知识，根据上述推论，Living Lab 的创新过程中应用技术工具和手段，增加情境真实度，促进知识的内生性创造过程。

知识只能最终进入产品或服务实体方能体现知识的价值，通过测试活动，个体知识得到筛选，基因属性值较高的知识得以生存，并通过知识交合影响到下一代知识的水平，每经过一次知识的选择，个体知识的适应性就会得到一次提高，所以增加知识选择的次数可以提高知识演化效果，信息通信技术的应用是增加选择次数的技术保障。

6.3　认识论维度的演化机理分析

认识论是讨论人类知识的本质、结构及认识与客观存在的关系，从认识论角度来研究知识，实际就是对知识本质的解析与分类。传统的知识创造 SECI 模型在认识论角度对知识的分类是采用波兰尼的知识二分法，把知识根据其可呈现程度分为隐性知识和显性知识，这种分类法从知识的可传播性、可存储性等方面把握了知识的实质，得到了广泛认可。但单纯从知识隐性知识与显性知识的转化过程很难对新知识的生成及知识增长的途径进行合理解释，Living Lab 是一种注重实践过程的开放性创新模式，需要从更多的知识本质特性来衡量，如根据知识的学科背景和功能进行的分类方法。Living Lab 是一种典型的多学科交叉方法，需要对各种功能的知识进行合理组合方可实现目标，可见知识的异质性和完备性也对 Living Lab 中的知识创造有重要的影响。

6.3.1　基于知识可表征性的演化过程

SECI 循环是 Nonaka 归纳的隐性知识与显性知识在组织内转化的四个阶段，在 Living Lab 知识创造中，同样存在隐性知识和显性知识的转化过程，可以总结为 SS-EC-IE 循环。

（1）用户知识的社会化阶段（S）。Living Lab 知识创造过程从用户知识的获取开始，在 Living Lab 的知识创造过程中，用户知识及其他外源知识的引入，Living Lab 创新团队成员与用户间进行亲密的合作与访谈，如面对面的田野调查、人种志研究方法，需要获取用户知识。用户的知识既有显性知识，也有隐性知识，但在 Living Lab 创新过程的初始，用户知识的主要部分表现为隐性知识。而在 Living Lab 创新循环的后期，或者在经过一轮知识的选择过程后，用户隐性知识显性化效果已经得到很大程度的体现，用户知识逐步表现为显性知识。所以在循环的初始部分，本书仍然定为用户隐性知识到创新团队隐性知识的转化，也就是知识的社会化过程。

（2）创新团队知识的内化过程（S）。用户知识获取阶段后，Living Lab 中的创新团队开始对用户知识进行消化吸收，这也就是用户知识交合阶段，没有和用户进行直接交流的创新团队成员通过与用户知识拥有者交流，查阅用户知识数据库，也可以和用户进行补充交流，引入用户知识基因，与创新团队成员的原有知识进行组合，实现用户知识在创新团队成员的社会化。

（3）创新团队成员知识的表出化（E）。表出化阶段为从隐性知识到显性知识的转化，通过类比和比喻等手法，实现隐性知识的逐步编码，在组织内部交换不对称信息[198]。用知识演化的视角，表出化实际是为知识交合的准备阶段，相当于生物体在繁衍过程中的减数分裂过程。在 Living Lab 的创新团队成员与用户进行知识交合后，能够将用户知识与本身知识进行结合，但对每个成员来说，由于来源于不同的组织，具有不同的教育背景、学科背景和专业技能、经验，需要在成员间进行知识共享，为知识基因的组合做准备。在 Living Lab 的创新过程中则对应于知识在各主体间的共享的前段，在这个阶段，需要将前期的隐性知识通过各种手段进行表出化，在 Living Lab 中，知识的表出化不仅会应用比喻与类比的手法，更多的会借助于信息通信技术手段进行模拟与仿真，实现知识的虚拟现实化。通过表出化，实现知识的分解过程，主体知识被分解成可以被别人理解的知识片段，这些知识呈现出碎片化的特征，但是更易于知识间的交合。

（4）创新团队知识连接化阶段（C）。这个阶段是从显性知识到显性知识的转化阶段，在这个阶段，组织内散乱的显性知识通过总结、培训的形式连接起来，成为能够直接用于创新的系统性知识。基于知识演化视角，这个阶段可以看成知识间的有机组合阶段，也就是知识基因的组合与**繁衍**阶段。在知识共享的后半部分，Living Lab 创新过程会进入知识的连接化阶段，知识在各主体间快速传播，在多方知识的交合中，新知识得以源源不断地生成。

（5）核心创新团队知识的内在化阶段（I）。这个阶段是创新团队知识向核心创新团队知识进行转化的阶段。通过知识共享，创新团队间充分进行交流，知识基因得以充分重组，新的知识产生。特别是核心创新团队的成员，由于在 Living Lab 中担负着实际设计、创新的任务，具有很强的知识基因收纳积极性，知识吸收能力也较普通创新人员更强，通过与其他创新人员的交流，知识开始内化，最终表现为更强的设计能力和更优秀的创意。

（6）核心创新团队知识的表出化阶段（E）。通过前面的知识演化，Living Lab 核心团队的知识在数量上和质量上均出现很大的飞跃，通过原型设计，这些内在化知识开始转化为实际创新产品，Living Lab 也进入知识的选择阶段。之所以要设计并制作产品原型，是为了让用户进行测试，对前期的知识进行检验。无论是产品原型、改进后的过程产品还是最终产品，都是 Living Lab 核心创新团队知识的表现形式，所以本阶段是核心创新团队知识的表出化阶段。通过知识的表出，接受用户的测试，用户也会从中获得新的知识，这些知识需要向创新团队进行反馈，会在用户层面有一个内在化的阶段，从而又一次进入知识的社会化阶段，形成一个完整的循环。

Living Lab 中知识的 SS-EC-IE 循环过程模型可用图 6.4 表示。

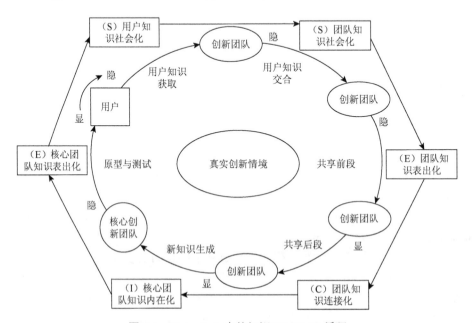

图 6.4　Living Lab 中的知识 SS-EC-IE 循环

Living Lab 中知识演化的 SECI 过程与传统模型相比，增加了外部知识的引入过程，并对各步骤进行了重新解释，将知识的载体界定为组织间成员的个体，如表 6.2 所示。

表 6.2　**Living Lab 中 SECI 过程与传统模型的对比**

参数	传统模型	Living Lab 知识演化模型
载体	个体、团队、成员	个体
过程	社会化	用户知识社会化
	表出化	团队知识内在化
	连接化	团队知识表出化
	内在化	团队知识组合化
	—	核心团队知识内在化
	—	核心团队知识表出化
原理	知识螺旋	基因重组与突变
场所	Ba	真实情境
范围	组织内部	组织间

在 Living Lab 中，隐性知识的演化过程具有"达尔文主义"特征，显性知识的演化具有明显的"拉马克主义"特征。

本书认为，隐性知识之所以难以表达有两个方面的原因：一是因为对其内部结构缺乏准确了解，不能准确测定知识内部的基因序列；二是对于知识基因测定的工具与方法还不完善。隐性知识在 Living Lab 中的传播中，其他个体可能会接受到其知识基因，由于其难以受到外部力量的控制，其创造过程会以内部机制为主，其知识基因会经历复制—变异—选择—存储的历程。"达尔文主义"的核心是竞争机制，经过选择的知识最后会存活并得以应用。隐性知识的创造要依赖大量的复制、大量的传播、少数的变异，最后只有少量的知识会得以生存，Living Lab 中隐性知识的大量复制和传播依赖更近感情距离的高频度和深度的交流和共享。隐性知识一旦发生变异并生存下来，这种知识就必然会高度适应环境的要求，具有很高的效度。所以，大部分专家都把隐性知识作为创新的重要基础和动力。而显性知识则相当于那些可以搞清其内部基因序列的物种，可以应用现代基因工程的工具和方法，对其内部结构进行人工改造，使其具有新的性状，在知识主体的控制下向有利的方向发展，是为定向控制，类似拉马克强调的主观能动性调整——"用进废退"。现代基因理论也证明，在基因改造的情况下，这些"获得性"的性状确实可以遗传。这些具有新结构的知识对于 Living Lab 的好处是显而易见的：一方面，可提高新产品研制的成功率[199]；另一方面，也可以促进知识体系的健康程度[200]。

6.3.2　基于知识"性状"的演化模型

在认识论角度，重点讨论知识特性与知识创造的关系，方法与工具对知识特性的影响。波兰尼提出的隐性知识与显性知识的知识特性二分法，是基于知识可表达性来进行划分的，这种分类法得到了很多人的认同和重视，相关研究文献也很多，取得了很多研究成果，但对某种理论的过度重视也会限制研究者的视野，不利于理论的进一步发挥。本书认为，对于知识特性可以从很多方面进行界定和研究，如基于知识内容的分类、知识功能的分类、知识学科领域的分类等。

在演化视角下，对于知识的识别应当更多的从知识"性状"来进行，知识的"性状"可以从知识的特性、功能和规律等方面来区分，知识"性状"的不同，使得知识能够被识别。从知识"性状"来对知识进行分类的方法有多种。汤姆·奈特提出了知识的六类分类法，根据知识应用的目的与功能不同将知识分为know-what、know-how、know-why、know-who、know-when、know-where 六种类型的知识。按企业管理体系中的知识需求分类，可以分为产品知识和服务知识、工作流程知识、有关客户和供应商的知识、项目知识、技术知识或专业知识等。还可根据学科领域进行分类，如社会知识和自然科学知识（又可以分为物理、化学、生物、数学等各学科的知识）。在 Living Lab 中，根据知识拥有主体不同，还可以分为用户知识、科研人员知识、开发知识、商业知识、政府知识等。以上各种分类方法中的不同知识，都会具有不同的"性状"，而这种"性状"上的不同，对于知识创造是有重要影响的。

知识在可表征性上的演化表现形式为隐性知识与显性知识之间的转换，而知识在"性状"上的演化过程则主要表现为知识数量与知识质量（适应性）方面的进化过程。

1. 知识的交合与突变

知识特性对知识创造的影响，首先必然会体现在知识创造机制方面，特别是知识的交合与突变机制。为了研究知识特性与知识创造的关系，首先需要提出一个基本假设，作为推导的一个前提条件。

假设 6.1 Living Lab 的知识交合过程是分别在各个个体的思考系统中进行的，也就是知识的交合只能在个体的人脑中进行。

提出假设 6.1 的理论前提是知识的建构主义观点，也就是个体知识增长只能是外部知识与个体已有知识的重新建构过程，这个建构过程只能在个体的思考系统中进行。这也与本书的实际观察结果相符合，任何处于个体之外的知识，包括书本知识、信息系统中的知识都不可能进行交合与增长，本节以下的内容都是基于这个前提假设进行推导的，假设 6.1 实际上符合所有知识的交合过程。

设 g_{in}^t 为 t 时刻第 i 个个体在第 n 位上的知识基因，当两个个体 i，j 进行知识共享时，会同时对两个个体的知识基因产生影响，根据基因理论，在这里设定两者等位基因可以进行重组。

定义知识吸收系数 r，r 越大，个体引入对方的等位基因来改良自己的能力就越大，r 是关于自己基因的函数，$r_{in} = r(g_{in})$，自己在某等位基因上的基因属性值越高，则其吸收能力越高。

在个体 i 与个体 j 进行知识共享的情况下，对于其中一方来说，由于知识基因交合的非劣化原理，原来基因属性值不会降低，而共享对方的知识基因会与自己的知识基因进行优化，从而产生新一代的知识基因。知识交合的效果与知识的异质性有关，如果知识交合双方在某知识基因位上有差异，则会产生吸收效应，属性值高的等位知识基因属性值不会增加，而属性值较低的那方则会产生属性值的增加。在进行交合的情况下，各方的知识基因可能会得到不同的改善。

本书用算子 $m(\cdot)$ 来表示上述交合规律。可见 $m(\cdot)$ 是关于 g_{in} 与 g_{jn} 的函数，$m(\cdot) = m(g_{in}, g_{jn})$。

$$m_i(\cdot) = \begin{cases} g_{in} + \left| g_{jn} - g_{in} \right| r_{in}, & \text{if}(g_{jn} > g_{in}) \\ g_{in}, & \text{else} \end{cases} \tag{6.6}$$

其中，g_{in} 表示第 i 个个体在第 n 个等位基因上的属性值；r_{in} 表示第 i 个个体的吸收系数，$r_{in} \in (0,1)$；$m_i(\cdot)$ 表示此算子为第 i 个个体在交合后的状态。

对某一等位基因来说，作用过程可用如下公式表示

$$g_{in}^{t+1} = g_{in}^t m_i(\cdot) g_{jn}^t \tag{6.7}$$

所以，如果两个主体进行知识的交合，在双方共有 n 个等位基因的情况下，对于主体 i 来说，交合结果可用如下公式表示

$$G_i = \begin{pmatrix} g_{i1,} & g_{i2}, & \cdots, & g_{in} \end{pmatrix} m_i(\cdot) \begin{pmatrix} g_{j1,} \\ g_{j2} \\ \vdots \\ g_{jn} \end{pmatrix} \tag{6.8}$$

对于有多个知识共享主体的共享过程来说，可以看成是两两交合过程的组合。

根据式（6.6）～式（6.8），可以给出如下推论。

推论 6.1　如果两个知识交合主体的知识完全同质（知识的内容或性状相同），则交合没有意义。

推论 6.2　如果两个知识交合主体的知识不同质（知识的内容或性状不相同），则交合过程可以改善每个主体的相对弱小的同位知识基因，也就是交合过程对每

个主体都可能带来知识的改善，本书将此称为知识交合效应。

基于上述分析，本书还可以给出知识异质性的定义及其测度方法。在这里，本书将知识的异质性描述为两个个体在知识基因上存在的差异。

定义 6.1　设两个个体的知识基因分别为 $(g_{i1}, g_{i2}, \cdots, g_{in})$ 与 $(g_{j1}, g_{j2}, \cdots, g_{jn})$，则其知识的异质性可以用知识间的距离来进行测度。设某等位基因距离为 dg_{ijn}，可用海明距离来表示基因异质性，公式为

$$dg_{ijn} = \left| g_{jn} - g_{in} \right| \tag{6.9}$$

设总体距离 DK_{ij}，可用欧式空间距离来表示知识异质性，公式为

$$DK_{ij} = \sqrt{\left(g_{j1} - g_{i1}\right)^2 + \left(g_{j2} - g_{i2}\right)^2 + \cdots + \left(g_{jn} - g_{in}\right)^2} = \sqrt{\sum_{n=1}^{n}(dg_{ijn})^2} \tag{6.10}$$

可见，知识异质性可以看成是基因距离的叠加效果，DK_{ij} 越大，则知识交合的效果越好。

2. 考虑知识转移情况的讨论

根据假设 6.1，知识的交合过程必须在个体的思想系统中进行，交合的前提是自身之外的知识要首先进入自己的思考系统，也就是说，只有在发生了有效的知识转移之后，才可能发生知识的交合过程。正如前文所述，知识转移是知识创造的前提和先决条件。所以需要对式（6.7）进行进一步的完善，增加知识转移系数 f_{kt}，公式变为

$$g_{in}^{t+1} = g_{in}^t m_i(\cdot)(g_{jn}^t f_{kt}) \tag{6.11}$$

其中，$0 \leqslant f_{kt} \leqslant 1$。

很显然，f_{kt} 是关于 dg_{ijn} 或者 DK_{ij} 的函数，$f_{kt} = f(dg_{ij}) = f(DK_{ij})$，本书将此称为知识转移效应，由此得出推论 6.3。

推论 6.3　个体间知识异质性越明显，则知识转移效果就越差，当个体间知识完全不同质时，知识转移效果受到完全抑制，当个体间知识异质性越小时，知识转移效果就越好，本书将此规律称为知识转移效应。

显然有

$$\lim_{DK_{ij} \to \infty} f_{kz} = 0$$

所以

$$\lim_{DK_{ij} \to \infty} (g_{in}^{t+1}) = \lim_{DK_{ij} \to \infty} g_{in}^t m_i(\cdot)(g_{jn}^t f(DK_{ij})) = g_{in}^t$$

同时，当 $DK_{ij} \to 0$ 时，根据推论 6.1，有 $\lim_{DK_{ij} \to 0} g_{in}^t m_i(\cdot)(g_{jn}^t f_{kt}) = g_{in}^t$。

可见，知识的交合效果同时受到知识转移效应与知识交合效应（推论 6.2）的

双重影响，个体间知识异质性过小，则交合效应受到完全抑制，如果个体间知识异质性过大，又受到知识转移效应的抑制。

根据知识的非劣化定理，有 $g_{in}^{t+1} \geq g_{in}^t$，所以当 $\dfrac{\partial(G_i^{n+1})}{\partial(DK_{ij})} = 0$ 时，知识的交合效果达到最大值。由此可以得出结论，在知识的转移与共享过程中，知识创造效果与知识异质性呈现出一个倒 U 形关系，如图 6.5 所示。

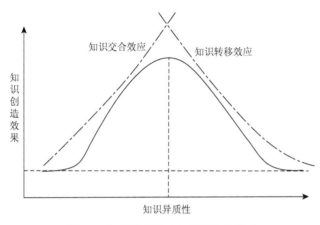

图 6.5　知识异质性对知识创造的影响

3. 知识基因的生成与突变

除知识共享外，新知识基因的生成与个体知识的基因突变——"顿悟"是另两个重要的新知识生成机制，也就是知识生成的内部机制。新知识基因的生成是一个长期的过程，需要在一定目标的诱导下进行长时间的学习。个体知识基因的突变则需要在一定的环境条件下激发，具有很大的不确定性。个体的顿悟也具备知识进化的非劣化特征，也就是只能出现改善化的知识顿悟，不存在损害个体知识存量的顿悟。根据实践中的观察，个体顿悟出现的概率比较低，但比生物领域的基因突变概率还是要高得多。

新知识基因的生成过程受到学习目标、情境、学习资源、学习能力等因素的影响，可以用下面的公式表示

$$g_{in}^{t+1} = g_{in}^t + S(E, g_{in}^t, \mathrm{rs}, \mathrm{sc}_i) \tag{6.12}$$

其中，E 为环境变量；rs 为学习资源；sc_i 为学习能力。

基因突变个体顿悟对知识基因的影响可用如下公式表示

$$g_{in}^{t+1} = g_{in}^t + \mathrm{ran}(E, g_{in}^t) \cdot d^+ \tag{6.13}$$

其中，$\mathrm{ran}(E, g_{in}^t)$ 表示关于环境与知识现状的随机函数，且 $\mathrm{ran}(E, g_{in}^t) = \begin{cases} 0; \\ 1; \end{cases}$

$d^+ \in R^+$，d^+ 为一次顿悟对知识基因改善值的最大估计。

把知识交合与知识顿悟的效应进行综合，个体知识进化过程可用如下公式表示：

$$g_{in}^{t+1} = g_{in}^t m_i(\cdot)g_{jn}^t + S(E, g_{in}^t, rs, sc_i) + \mathrm{ran}(E, g_{in}^t) \cdot d^+ \qquad (6.14)$$

4. 知识的选择过程

因为是核心创新团队的成员最终完成产品或服务的设计工作，包括原型设计，所以核心团队成员的知识进化水平成为影响创新成功的关键。在 Living Lab 中，核心创新团队需要设计出产品或服务原型，并在此基础上进行多轮知识选择，通过用户为主要参与者的测试活动对知识进行检验，测试过程其实也就是对核心创新团队知识的选择过程。知识选择的对象是实际转化为产品或服务的知识，通过对产品的评价来衡量核心创新团队知识进化的水平。基于假设 6.1，核心创新团队的知识实际是团队间个体知识的总体表现，是个体知识的叠加与整合。

对于转化为产品与服务的知识，需要用一定的标准来进行选择。由于知识的完备性，最后进入应用的知识基因需要保持完全，每个等位基因的属性值不能低于一个下限值，这个下限值 g_n^{A0} 可以称之为基准适应性系数，即

$$g_n^A \geqslant g_n^{A0}, n=1,2,3,4$$

所有知识基因属性值高于这个标准的可以视为通过了环境选择，可以生存下来，但还可能需要继续进行优化。在 Living Lab 的实际创新过程中，通常会在与用户交流，创新团队成员间经过充分的知识共享之后，先通过头脑风暴等方法收集各个成员的创意，将这些创意纳入创意库，然后再依次对这些创意进行合理组合，通过方案比选，最终生成产品原型，并对产品原型进行多轮测试、改进与优化。

应用到产品中去的知识与核心创新团队的知识分布有直接的关系，由于知识应用中就有相应的选择机制，会尽量选择属性值高的知识进入产品或服务系统。对于核心创新团队中某一个体来说，他的知识能够通过选择，进入产品设计的创意库的条件是其知识 DNA 链中属性值最低的等位基因不能低于相应的基准值。实际上，个体的知识在实体化的过程中难免还会产生损耗，设损耗系数为 s，$0 < s < 1$。第 i 个个体知识进入产品或服务系统后的第 n 个属性值为

$$g_{in}^A = s \cdot \min(g_{in}^t + (g_{in}^t m_i(\cdot)g_{jn}^t)r_{in} + \mathrm{ran}(E, g_{in}^t) \cdot d^+), n=1,2,3,4 \qquad (6.15)$$

通过选择的标准是

$$s \cdot \min(g_{in}^t + (g_{in}^t m_i(\cdot)g_{jn}^t)r_{in} + \mathrm{ran}(E, g_{in}^t) \cdot d^+) \geqslant g_n^{A0}, n=1,2,3,4 \qquad (6.16)$$

从式（6.16）可以看出，对某个个体来说，其知识最终能够成为进入产品系统的备选库的前提是，其知识基因没有明显的缺陷，达到最低要求。

在单个基因检验的基础上，还可以进行综合检验，关于知识的综合评价，仍然可以基于知识的四个等位基因进行综合量化。对于某个产品或服务来说，对于第 i 个产品或服务，可以用下面的公式来计算其综合得分。

$$K_i^A = \sum_{j=1}^{n} \omega_{ij} g_{ij} \qquad (6.17)$$

其中，ω_{ij} 表示权重系数。

K_{iA} 可以定义为第产品 i 的适应性，其通过选择的标准是不低于标准的适应性系数，即

$$K_i^A \geqslant K_i^{A0} \qquad (6.18)$$

依据式（6.16），核心创新团队在进行原型设计及改进过程中，某个个体知识通过选择进入创意备选库的条件是其全部知识基因均应达到最低限值，这其实是一个知识完备性的要求。在实际创新过程中，只有必要的知识全部具备，创新产品或服务方可成为现实，这就是很多创新长期无法成功的原因所在。根据式（6.14）反映的知识交合创造过程可以看出，最终知识演化受制于现有团队中个体知识基因的分布，通过基因组合不一定能达到创新知识完备性的需要，这时就需要依赖知识基因的"突变"，也就是某个个体的知识"顿悟"来填补基因空白点，Living Lab 作为开放式的创新模式，向外部寻求知识也是一个基本途径，由此本书可以给出推论 6.4。

推论 6.4　Living Lab 中的知识创造过程要求知识的完备性，核心创新团队知识的全部知识基因属性必须达到最低要求的阈值，Living Lab 中核心创新团队的知识完备性是创新成功的前提和保证。知识生成的内部机制在保证知识完备性方面具有重要的意义，外部知识的搜寻也是知识完备性的重要保证。

本节的模型推导过程实际上反映了 Living Lab 创新流程中对知识进行选择的过程，经过充分的知识共享后，核心团队成员开始进入原型设计阶段，在信息通信技术手段的辅助下，团队中的知识通过提供创意的方式实现从团队知识到产品实体的转化。为了保证创新的效果，创意的收集过程要尽量做到开放和包容，创意备选库容量要足够大，这是知识能够进入备选库的最低标准。在备选库的基础上，要对创意组合进行优化，在某个时段内选出最优方案进行测试，在测试结果的基础上，重新填充创意备选库，以上动作会经过多个轮次。

6.3.3　认识论维度的讨论

本节从知识的多个特性方面对 Living Lab 知识创造过程进行分析，在传统的显性知识与隐性知识二分法方面，发现 Living Lab 中的知识创造过程同样存在隐性知识与显性知识的转化过程，可以归纳为 SS-EC-IE 循环。同时，从知识的内容

与功能等特性方面对知识的演化过程进行了深入研究，根据知识演化理论，Living Lab 新知识的生成主要途径是不同知识的交合，另外还有新知识基因的生成与知识基因的"突变"途径。对此，本书提出在认识论维度影响知识创造的两个重要指标——知识的异质性与知识的完备性，这两个指标对知识演化过程有重要影响，其中知识的异质性在知识的共享过程中发挥着重要的作用，而知识的完备性则在知识选择阶段起决定性的作用，知识的异质性对知识创造的外部机制关系紧密，知识的完备性需要知识创造的内部机制来保证。

1. Living Lab 的知识创造过程存在 SS-EC-IE 循环

Living Lab 知识创造的 SS-EC-IE 循环包括六个阶段，分别是用户知识的社会化阶段（S）、创新团队知识的内化阶段（I）、创新团队成员知识的表出化阶段（E）、创新团队知识连接化阶段（C）、核心创新团队知识的内在化阶段（I），这六个阶段形成一个循环，在这个循环模型中，不仅有隐性知识与显性知识的转化过程，还伴随着知识在不同知识主体的演化过程。SS-EC-IE 模型引入了外部的知识，打破了组织界线的束缚，是对 Living Lab 中知识创造过程进行有效解释的工具。

2. 知识异质性对知识创造存在重要影响

Living Lab 是典型的开放式创新模式，团队异质性是其重要特征，也就使团队成员的个体属性呈现出显著的差异性[201]。知识异质性是指创新团队成员间在知识背景、知识结构、专业技能和认知方式等方面存在的差异[202]。关于知识异质性对创新绩效或知识创造的影响方面研究有很多，但研究结论存在很大差异。在典型的实证研究中，Jehn 等[203]通过田野调查的方法发现异质性能够为团队带来丰富的多样化知识资源，对于知识创新非常有利，知识异质性对团队的产出存在正面影响，而 Lovelace 等[204]则指出知识异质性会造成团队交流困难，导致基于知识性质形成异质性的小组，彼此难以沟通，从而影响创新效果，在本书第 4 章的研究中，知识距离与用户知识转移效果呈现负相关关系，也印证了这个结论。知识异质性对知识创造既有积极影响，也有消极影响，综合效果则取决于这两种机制的叠加效果，知识异质性与团队创新（知识）产出呈现出一个倒 U 形关系[205]，所以要避免团队中过度的异质性与相似性。

在这里，知识的异质性是指多种知识间存在的差异性，也可以表达为知识"性状"的多样性。在 Living Lab 的创新团队中，知识的异质性是由于个体间在教育背景、工作经验、隶属组织和个人经历等方面存在明显差异，从而导致个体知识结构、思维方式、专业技能等方面存在明显的区别，从而个体知识呈现"性状"上的异质性。知识"性状"多样性背后的原因是知识基因的差异和多样，依据知识演化理论中，多种知识基因的重新组合，会出现具有独特基因序列的知识，而这种知识具有新的"性状"，可以作为创新的基础知识。生物遗传学理论告诉我们，具有相同知识基因的知识间进行交合，只能出现具有相同性状的"纯种"知识，会带来近亲繁殖的弊端，而用于杂交的知识间基因差异越大，数量越多，就有更大概率出现新的知识。虽然知识异质性对知识共享意愿存在一定的负面作用，但 Living Lab 创新团队是具有共同愿景的合作创新团队，具有较强的创新动机，其运作模式和知识共享模式在信息通信技术手段的辅助下，可以在很大程度上克服这些负面影响。可见，知识的异质性与知识创造的效率呈现正比关系。在 Living Lab 的组建过程中，会重视异质性知识源的引入和布置，用户作为一个重要的知识源，同时会特意引入科研、生产、商业、管理和政府等多方专家参与创新。

3. 在 Living Lab 中，知识的完备性是知识有效创造的重要保证

在创新过程中，往往需要某种特别的知识方可解决问题，这种特别的知识具有某种专门的基因。在知识的生产系统中，就必须有这种基因的存在，才有可能生成这种特别的知识。在实际的创新实践中，有很多这样的例子。所以，在 Living Lab 中，保证知识创造系统中的知识完备性是非常重要的。如果在系统中不存在这样的基因，只能有两种解决办法：一种解决方法是改变组织结构，重新引入外界知识源，在 Living Lab 中，这种解决方式很常见，如本团队在开发老年服务系统的时候，就在研究过程中专门引入心理学方面的专家，来解决特定的问题；另一种解决方法是期待知识"基因"突变的出现，也就是某个体出现知识的"顿悟"，这就会表现为知识创造的跳跃性和知识创造系统的不连续性，为了刺激知识"基因突变"，就需要在创新情境方面做工作，如改变创新情境，或者提高创新情境的真实性。

6.4　方法论维度的演化机理分析

6.4.1　方法论维度的演化过程

方法论是一个次生维度，方法论本身的演化并没有意义，方法论的演进过程最终是为知识在本体论与认识论维度的演化服务的，可以说，是基于知识创造的目标，知识在本体论与认识论维度的演化要求决定拉动了方法论维度的进化。

通过对前述本体论维度与认识论维度相关模型的讨论，可见为加速知识在本体论维度与认识论维度的演化过程，需要采取多方面的措施。为保证知识在本体论维度的演化，需要保证用户的数量与参与程度，尽量保证辅助创新团队具有较大的规模，为知识共享行为提供相应的环境，增加创新环境的真实度；通过研究知识在认识论维度的演化过程发现，为保证知识的 SS-EC-IE 循环过程，就必须为

知识的转化提供合适的情境与场所，提供相应的方法与工具，促进隐性知识与显性知识在不同本体层面上的转化，在知识特性方面，在知识的交合过程中应当保证个体间知识具有恰当的异质性，在知识的选择阶段保证核心创新团队知识的完备性。通过对以上措施进行归类，可以总结为方法论上的"一点三线"演化模型。一点是合理的组织结构，Living Lab 中包含多个类型的主体，需要对各类主体进行重新组合，建立高效的虚拟组织，重视组织成员的选择过程，以促进组织保持最优程度的知识异质性。"三线"是指在 Living Lab 的实际运行过程中，三个变量会持续增强，这个演化过程也得到了很多 Living Lab 项目的实际验证。这三个变量分别是：①信息通信技术手段的应用，包括各种现代网络技术、Web2.0 技术、智能分析技术、云计算技术甚至物联网技术在世界各地的 Living Lab 项目中应用得越来越广泛，越来越多的新工具纷纷出现并得到应用，这些基于信息通信技术的新工具主要在用户调研、用户行为观察、真实情境打造（如虚拟现实技术）、知识共享、知识存储、大数据分析等领域，方法和工具越来越呈现出信息化、智能化、自动化的趋势；②用户的参与程度逐步加深，从用户调研、用户参与、用户测试再到用户设计，用户参与的深度越来越大，参与的用户种类从领先用户扩展到普通用户，参与的用户数量也越来越多；③真实情境的打造，知识共享情境和创新情境的真实度持续增加，用户黏滞性知识能够更有效地转移，创新团队成员间的知识交流效果会大大提高，知识创造的效率也会得到保证。方法论维度的演化过程如图 6.6 所示。

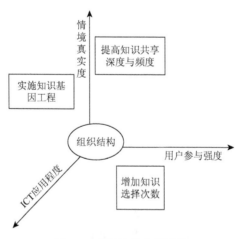

图 6.6 方法论维度的演化

6.4.2 促进知识创造的途径

在生物界，物种的演化动力最终来源于环境的压力，环境的变化对物种的生存带来了持续的威胁，物种也必须发生某些改变，来应对环境的变化，最终适应环境。同样，人类社会结构的演变带来市场的常态变化，在多样性和个性化的今天，必须有更多的创新成果来适应市场环境的改变，Living Lab 正是应运而生的创新方法，Living Lab 中的创新动机，也是知识创造的重要动机。Living Lab 创新方法的有效取决于其对知识创造速率和效率的影响，可见，其中的方法论是很重要的。Living Lab 中有一系列的方法和工具，保证了知识创造的顺利进行。

1. 打造合理的动态虚拟组织结构

Living Lab 本身就是一个虚拟组织，需要根据实际情况构建合理的组织结构。勾学荣认为[206]，Living Lab 在实际运行中要实现服务的正规化和常规化，这就需要建立专门的组织管理团队对创新过程中对人员、工具、信息等创新要素进行合理的组织，优化创新要素配置，保证 Living Lab 运行的平稳与高效。在欧洲，Living Lab 被很多专家描述为公私及个人的合作实体（private-public-person partnerships，PPPP）。从 PPPP 的英文描述可以看出，个体在 Living Lab 中发挥着重要的作用。

如前文所述，Living Lab 可能会由企业、科研单位、中介单位、政府等多个组织共同搭建，但 Living Lab 与组织联盟存在着本质上的不同，首先是 Living Lab 强调"共同愿景"的作用，属于目标引领的组织，合作的基础并不是建立在单纯商业利益方面；其次是 Living Lab 强调个体的作用，包括用户个体，注意激发个体创新的主观能动性，Living Lab 在组建过程中强调打破原有组织的框架，将原来各组织分解为个体，然后再重新组合为创新团队，所以 Living Lab 也是一个虚拟创新团队，团队成员并不是固定的，而是具有很大的动态性，根据目标和内容的变化随时做出调整。

基于个体的动态虚拟创新团队对于知识的适度异质性和完备性是非常有好处的，在成员的选择阶段即可通过一定的标准进行调节，使得成员间既有紧密的联系和一定的合作基础，较广泛的知识交集，也可保证团队个体间存在足够的知识异质性，在成员数量具有一定规模的情况下，容易实现知识的完备性。Living Lab 的知识创造过程，就是知识共享阶段个体知识的充分激发和选择阶段的群体知识融合。Living Lab 通过保持组织的动态性和虚拟性，能够在运行过程中实现自组织式的自动调整，从而保证知识的适度异质性和较高的完备性。所以，对于组织核心部分应当保持核心创新团队的高紧密组织结构，对于外围组织部分，应根据其他个体特征建立适当的激励手段，在创新阶段吸引足够多的辅助创新成员和用户参与，保证组织的动态性和柔性。

2. 打造真实创新情境，增加知识共享的深度和频度

Living Lab 创新模式的一个重要特征就是强调真实情境的应用，通过打造真

实的情境，可以有效地促进知识创造。真实情境对于知识创造的促进机理主要体现在三个方面。首先，真实情境可以提高知识主体的理解能力和知识转移的准确性，也能够提高人的创造能力。在真实的情境中，个体的思维能力受到情境的激励，思维更加活跃，注意力更加集中，表达也会更加准确，知识接收者也能够更加容易地理解知识发送者的意图，知识转移与共享的效果自然会大大提升。其次，某些知识与情境具有共生性，知识基因只有在特定的情境下才会发生 DNA 解旋，为知识的繁衍做好准备，情境的真实度影响着这些知识繁衍的速度。最后，在日常生活情境的知识创造会极大限度地减少噪声的干扰，可以增强知识主体间的感情纽带，建立起明显的社会优势，这种知识创造的准确性是显而易见的。从以上的分析可以得出结论，知识创造情境的真实度对知识创造的速率和准确性有明显的正面影响。

　　从演化角度来看，生物的演化是为了适应环境的变化，无论是达尔文主义还是拉马克主义的演化机制，生物的性状与环境之间存在着紧密的联系，生物种群的分布和行为影响着环境状况，而环境则最终决定着生物物种的分布和数量。Living Lab 创新过程存在完整的演化链条，为保证知识演化方向的准确性和路径的正确性，保证情境的真实度是非常关键的控制手段。

　　Living Lab 中知识创造的各阶段都非常重视真实情境的营造，很多专家也把Living Lab 视为某种情境式创新模式[207]。在用户获取阶段，主要采用与用户面对面交流的田野调查法和人种志研究法，在线上交流的方式也会尽量保持在真实生活情境中的交流，对于用户被动知识的获取，更是基于在信息通信技术的协助下对用户日常生活状态的如实记录，在此基础上保证知识基因的正常生长。在知识共享阶段，侧重借助信息通信技术手段，应用可视化技术提高隐性知识的显性化水平，拉近知识共享主体间的感情距离。从隐性知识与显性知识的二分法视角来看，隐性知识演化的达尔文主义途径影响了知识的进化效率，而显性知识的演进过程由于可以进行人为干预，可以明显加快演进的过程，可见存量知识的显性化水平对知识创造的速度有显著影响。在知识选择阶段，前期为了降低创新成本，很多 Living Lab 使用虚拟现实技术来替代真实生活情境，缩短知识选择的时间。在知识选择的后期和知识应用阶段，则将研究情境又返回到真实的日常生活之中，实现情境的完全真实化。在 Living Lab 的创新过程中，以真实的生活情境开始，又以真实的生活情境结束，创新情境的真实度水平呈现一个 U 形分布。

　　生物多样性的一个重要保障机制就是基因的重新组合，知识共享实际就是知识基因进行重新组合的过程。通过知识的共享，个体间的知识片段得到交换补充，对某个个体来说，可以改变自己的知识结构，增加知识存量，新入知识片段与自己原有的知识进行组合，就有可能形成新的知识。但知识间的基因组合不是一个自发的过程，需要相应的条件保证。在生物的演化中，为了繁衍新的子代，需要产生相应的生殖细胞，这个过程是通过减数分裂过程实现的，DNA 的双螺旋结构在解旋酶的作用下进行分解，形成再次复制的模板，为父本基因与母本基因的重新组合打下基础。同样，在知识的分享中，某个个体的知识如果希望有效传递给其他个体，首先就需要对自己的知识进行解析，分解为很多知识片段。从实际案例来看，知识接收者很难全盘接受知识发送者的知识，而只能接受一部分，这与生物繁衍中的知识基因传递过程是一致的。在 DNA 的重新组合过程中，也会受到相应的酶的控制。从知识演化的视角看，Living Lab 中的很多方法和工具，如田野调查、头脑风暴、可视化的知识共享系统、高效的知识管理系统，都是保证知识共享有效进行的手段，可以显著加强知识共享的深度，提高知识共享的效果。在 Living Lab 创新模式中，在打造知识共享平台，建立知识管理系统，保证平台的可用性、易用性、友好性的基础上，注重保持知识共享的高频度，根据概率论原理，设知识共享中发生知识基因组合的概率为 P，则 n 次知识共享后发生基因组合的概率是 nP，可见提高知识共享的频度可以促进知识基因的组合，从而有利于新知识的生成。知识共享深度和频度的提高，通过组合原理，可以保证知识的多样性，而知识多样性正是有足够的知识通过选择，适应环境变化最终进入创新成果体系，实现创新成功的保证。

Living Lab 中知识共享深度和频度的提高，也有利于知识基因的突变，而知识基因突变是新知识生成的重要机制，基因突变会导致遗传信息的永久性替代，新的信息会代代遗传，直至发生新的突变。现代科学证明，基因产生突变的原因，是由于外部物质的刺激，也可能是基因在复制过程中产生的某种错误[208]。知识共享行为可以为个体提供灵感，提高知识基因产生突变的概率。突变行为可能是某种完全异质性知识产生的基础，是知识完备性的重要保证机制。可见，知识在个体层面上的"顿悟"对于创新有着至关重要的影响。

Living Lab 中知识共享也是一个互相学习的过程，在通过组织措施保证知识异质性的基础上，知识共享深度和频度的提高，有利于缩小知识距离，从而也能降低知识转移效应对知识交合效果的影响。

3. 通过增强信息通信技术手段与用户参与强度，增加知识选择次数

生物物种通过杂交过程中的基因组合，以及基因的突变等途径实现了子代"性状"与父代的差异，使物种保持足够的多样性，在残酷的自然选择中，保证最终有适应环境的物种生存下来。可见达尔文主义的演化过程就是一个物种变化—自然选择—物种生存—物种变化的循环过程。在演化过程中，物种会越来越复杂，进化出很多精巧的器官和功能，对环境的适应性也越来越强，地球上的生物总体呈现出从简单到复杂，从无感觉到高智慧，生物形式越来越高级，这充分证明自然选择的力量。生物的演化过程很漫长，需要很多代的演化方可到达高级阶段。可见，

自然选择次数与生物进化水平是正比关系。知识领域也呈现出类似的特征，从人类发展历史可以看出，人类知识呈现出越来越复杂的特征，这是知识进化的结果。知识的选择次数与知识的进化水平也呈现正比关系。

在 Living Lab 创新过程中，一般会安排多次原型的测试活动，通过"原型设计—原型测试—原型改进—原型再测试"的流程，对知识进行多次验证，从而提高知识进化的速度，经过多次知识选择，知识进化水平得以快速提高。在 Living Lab 中，产品（服务）原型会采取"快速原型"技术，大量采用信息通信技术手段，让用户和相关专家在测试中感受到服务与产品的真实性，通过现代信息技术，在低成本下增加产品测试与改进的次数，促进知识的进化。

需要指出的是，增加选择次数的方法对隐性知识的进化有独特的意义，隐性知识由于知识结构的不完善性，编码化存在困难，难以有针对性地进行结构改造，通过"黑箱"式的知识选择过程，可以有效提高隐性知识的进化水平。

4. 实施知识基因工程

"达尔文"式的知识进化过程很难人为控制，具有不确定性，这一点在知识管理领域被很多专家所诟病[209]，他们指出，在知识管理领域，由于知识演化的方向可以明确，在很多情况下可以对知识的需求做出预判，在激烈的竞争形势下，必须发挥知识主体的主观能动性，让企业的知识、技术与制度做出与环境一致的变革。新知识的生成实际是对环境变化的主动回应，可见，"拉马克"式的知识演化观在实践中得到很多专家的认同。在生物界，拉马克理论的重要基础——"获得性可遗传"假设已经被证明是错误的，但随着科技的进步，人们终于找到了"获得性遗传"的方法，这就是"基因工程"。通过"转基因技术"，物种可以获得某种具有针对性的基因，人为改变物种的性状，让物种去主动适应环境。很显然，这种性状是可以遗传给子代的，这给知识创造理论以很大的启示，可以同时实施知识基因工程来主动改善个体的知识结构。

Living Lab 本身可以看成一个基因池，从发起组建开始，就要求对参与主体进行精确的筛选，以此来保证知识基因的准确性和完备性，并且在创新过程中可以对成员进行动态重组。Living Lab 创新过程中全程强调用户的参与，这其实就是一个知识基因工程的实例。市场最终是由用户组成的，产品能够通过用户的检验，就能够保证最大概率地通过市场的检验。本书将用户引入 Living Lab 的知识创造系统，保证用户最大限度地参与各项创新活动，特别是知识获取、知识共享和知识选择阶段，就是期望最大可能的将更多的用户知识基因植入到产品（或服务）中去，有针对性地提高产品或服务的环境适应能力。当然，除用户知识以外，在知识完备性没有得到满足的情况下，也首先要向外部积极的搜寻 Living Lab 需要的特定知识，外部知识的搜寻、植入能力对 Living Lab 的知识创造能力也有重要的影响。

实施基因工程的前提是对用户基因和产品基因有充分的了解，只有这些知识结构被清晰地掌握，才可能找到需要植入的目标基因和植入知识基因的方法，所以 Living Lab 中知识基因工程的对象主要是显性知识。

为保证上述三个途径的畅通，在方法与工具上需要多个方面的保证，首先是在 Living Lab 知识创造过程中，注重信息通信技术的应用，如改进的 Web2.0 技术，用现代信息通信技术替代传统手段，实现知识创造系统的自动化与智能化，在以上途径中，真实情境打造、知识共享深度与频度的提高，以及知识选择次数的增加，都需要相应的信息通信技术的支持；其次是要注重真实情境的打造，为知识创造提供合适的环境，同时为用户的参与提供条件。

6.5　本 章 小 结

Living Lab 最终的知识三维演化模型可以用图 6.7 表示。知识创造三维演化模型是对传统知识创造模型的扩展，通过应用知识创造三维演化模型，可以在宏观层面上更清晰地展示 Living Lab 的知识演化过程特征，更全面深入地对 Living Lab 中知识创造机理进行分析归纳，是解释 Living Lab 知识创造机理的重要工具。特别是通过对知识在本体论维度与认识论维度演化规律的研究，与方法论紧密结合，总结促进知识演化效率的方法与途径，对于 Living Lab 创新模式有着重要的实际意义。

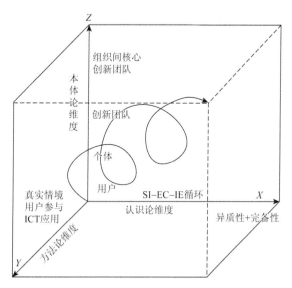

图 6.7　知识三维演化模型

本章通过从本体论维度、认识论维度和方法论维度对 Living Lab 知识演化与创造过程进行解析，构建了 Living Lab 知识三维演化模型，揭示了其知识生成与演化机理。在本体论维度，Living Lab 中的知识演化路径是从用户—创新个体—创新小组—组织间核心创新团队，核心创新团队的知识是直接影响创新效果的关键因素；在认识论维度，Living Lab 同样存在隐性知识与显性知识之间的转化过程，表现为一个 SS-EC-IE 循环，通过研究知识性状与 Living Lab 中知识演化的关系，创新团队个体间知识的异质性与知识创造效果呈现一个倒 U 形关系，而知识完备性则是通过知识选择的前提条件，知识异质性与知识生成机制的外部机制紧密相关，知识生成机制的内部机制对知识的完备性有重要意义。Living Lab 通过知识选择过程来实现创新团队知识的持续改进；在方法论维度，为了促进知识在本体论与认识论维度的演化，Living Lab 中信息通信工具应用程度、用户参与强度、情境真实度应当持续增强，实际促进知识创造绩效的途径包括打造合理的动态虚拟组织结构、提高知识共享频度与深度、增加知识选择次数、实施基因工程等。

第7章 Living Lab 知识创造案例分析

本章通过案例分析的形式，对前面的理论推理进行验证，并对理论进行补充完善。Living Lab 无论理论还是实践出现的时间都还不长，从实际项目来看，主要分布区域集中在欧洲，其他区域分布密度较低。我国的 Living Lab 项目数量更是有限，坚持进行 Living Lab 理论与实践探索的单位更少，难能可贵的是，北京市科学技术研究院下属单位能够长时间地坚持立足于本领域，依托"北京市老年服务国际实验室"建设项目，进行 Living Lab 的相关研究，应用 Living Lab 方法和理论，对老年服务进行了较长时间的研究。笔者参与了北京理工大学创新方法研究项目，并利用北京市重点实验室开放的机会，长期在 BJAST Living Lab 进行实践和学习，为本书提供了实践基础。本章通过对 BJAST Living Lab 案例进行深入分析，以期进一步丰富研究成果。

7.1 BJAST Living Lab 概况

人口老龄化是我国中长期内面临的重大社会问题，也是一个全球性问题。当前科技革命持续深化，新技术日趋成熟，实现养老服务的社会化、智能化，是解决养老服务资源结构性短缺、劳动密集型养老方式难以为继问题的必然选择。为此，北京市政府委托 BJAST 成立老年服务国际实验室，对北京市乃至全国的养老服务进行研究，促进老年服务创新。BJAST Living Lab 正是依托北京老年服务国际实验室项目构建起来的一个开放式老年服务创新平台，应用现代信息通信技术为老年服务的卓越创意提供原型开发和服务测试的环境和技术支持，打造老年服务产品测试平台与认证平台。

7.1.1 BJAST Living Lab 的目标

BJAST Living Lab 的最终目标是通过提供多方合作平台，促进老年服务创新，为北京乃至全国的老年人研制、开发能够真正解决老年切实需求的优秀的服务方案和相应产品，提高老年人的生活质量，实现社会的和谐稳定。BJAST Living Lab 需要综合应用现代信息通信技术和传统手段，研究和掌握老年群体和个体的真实需求，激发和收集解决老年需求的服务创意，并能够快速开发出相应的产品或服务原型，并在老年用户参与的情况下进行测试，持续改进。为了实现这个目标，需要对总目标进行分解，提供相应的软硬件支持。

（1）打造多方协同创新平台。BJAST Living Lab 为有志于老年服务与产品研制开发的企业和科研机构提供了协同创新的平台，主要包括各种创新协作技术与工具，如即时通信工具、网络工具、DIWA 系统、老年服务集成科研平台等，有利于各方进行技术、知识的交流与合作。通过参与 Living Lab 项目，各方可以在创意、技术研发、产品测试、商业开拓等方面进行深入合作。

（2）提供用户参与创新的途径。BJAST Living Lab 依托现代信息通信技术手段和社区基地，为老年用户参与服务创新提供了高效的途径，基于传统手段的有老年客座研究员制度、老年社区论坛、定期老年座谈会，基于信息通信技术手段的有网络访谈系统、老年网络社区论坛、老年生活行为观测系统等。另外，还会定期邀请领先用户到研究机构参与现场服务设计。

（3）原型或产品测试平台。BJAST Living Lab 还建有产品（服务）测试平台，平台包括基于实体实验室的观察体验室和社区实地体验环境，体验室主要用虚拟现实技术来模拟产品或服务的实际应用环境，用户参与产品或服务的各项测试工作，在测试的后期，会在社区或老年人的真实生活环境中进行产品或服务的测试工作。

（4）商业化模拟平台。对于臻于成熟的产品或服务，合作各方可以通过市场模拟，协商确定未来的商业化渠道和运营模式，制订合理的收益分配方案，促进快速商业化。

7.1.2　BJAST Living Lab 的组织结构

BJAST Living Lab 由科研机构发起，属于公益性研究项目，政府提供资金支持，在实际运作过程中可根据情况获得外部合作机构的支持。发起的科研机构在组织中居于核心地位，负责 Living Lab 的系统构建和日常运营，并对具体研究项目具有协调管理的职能。参与 BJAST Living Lab 的利益相关者包括如下五类。

（1）科研机构，主要包括国内外的研究机构高校，参与 BJAST Living Lab 的科研机构包括德国克劳恩霍夫研究院、芬兰阿尔托大学、韩国工业研究院等，国内的有中国人民大学、北京邮电大学、清华大学及其他研究机构等。其中德国克劳恩霍夫研究院和芬兰阿尔托大学主要提供研究方法指导，介绍欧洲 Living Lab 的成功经验，并共同研究 Living Lab 的各种支持系统，包括信息通信技术设备。韩国工业研究院提供老年服务产品，用于中国化改造，并与国内研究机构共同研制具有中国特色的老年服务产品。国内的大学与其他研究机构作为智力资源共同参与养老服务产品的研究开发工作。

（2）国内外的技术支持单位，主要包括提供各种信息通信手段支持的单位，如各类 IT 企业。Living Lab 需要建虚拟现实系统、网络调研系统、知识共享系统等信息通信技术平台，这些需要与 IT 企业共同开发。BJAST Living Lab 近年来开发了多种类似系统，协同创新平台越来越完善。

（3）服务产品开发企业，主要包括各类老年服务开发企业，这些企业是动态的，根据实际的科研与开发计划会有所变动。近年来参与 Living Lab 的包括国内外多个企业，既有生产实体产品的企业，也有进行老年服务软件开发的 IT 类企业。

（4）各类老年服务用户，参与 BJAST Living Lab 的用户包括三类群体：第一类是老年人，老年人是重要的创新参与者与创意源，会全程参与创新活动；第二类是养老机构，包括天下椿萱养老服务中心、寸草春晖养老院、亦庄养老院等，这些机构也是养老服务产品的重要用户，很多产品的测试过程需要在这些机构进行；第三类是社区管理人员与卫生服务人员，由于中国的国情限制，居家养老仍然是中国的普遍养老方式，在老人"空巢化"越来越普遍的今天，社区承担着重要的养老职能，社区是重要的现实环境和测试基地。

（5）政府，包括市政府和区、街道各级机构，市政府承担着公益资金资助与政策扶持的功能，街道政府会配合完成科研工作，特别是社区是重要的研究场地和真实环境。

7.1.3　BJAST Living Lab 的工具与方法

BJAST Living Lab 引入或研制了多种创新工具与方法，这些工具基本都是基于信息通信技术的，功能主要包括真实情境的打造、多方主体协作创新的平台、用户行为数据收集系统与大数据系统等。

1. 虚拟现实技术

Living Lab 强调在真实情境下进行研发和测试，最好是将用户的日常生活纳入 Living Lab 的创新系统，但在实际运行过程中，用户日常生活环境的导入存在诸多困难，数据采集也有很多障碍，出于成本考虑与创新速度的要求，可以利用现代信息通信技术手段进行产品应用环境的模拟。BJAST Living Lab 为此专门建设了相应的体验室，安装了虚拟现实设备，可以用多媒体的形式模拟养老服务产品的各种应用环境，同时也可以对老年服务的流程进行模拟。

通过仿真、动画、虚拟现实、角色扮演等方法将服务过程有形化，使老年人和其他利益相关者通过观看和模拟体验，提出服务设计中的问题和新的创意。仿真与虚拟现实包括居家生活场景、日常行为场景、工作场景，三维地理场景的模拟，通过服务生产/交付系统与虚拟现实的集成，保持虚拟和现实高度一致，为服务测试提供一个"真实"的环境。

2. 协同创新平台

Living Lab 创新过程需要各利益相关者共同进行协作创新，为此 BJAST Living Lab 通过搭建一系列的创新辅助系统来为各方的共同创新打造一个平台。这些系统包括老年服务管理综合平台、知识共享系统（信息管理系统）、DIWA 系统等，为各方合作创新提供了技术条件。

【案例】BJAST Living Lab 知识共享工具

BJAST 与芬兰阿尔托大学合作，开发了知识共享平台。针对 Living Lab 中各主体的交流讨论，专门开发了 DIWA 系统。DIWA 是一个集成了知识挖掘、知识存储、知识查询、可视化交流等功能的系统，其最大特色是其虚拟会议室的设计。

在 DIWA 系统中，能够应用模拟技术根据各方人员在讨论中所处位置迅速形成一个虚拟会议室，人们在屏幕上看到的不是一个一个类似视频会议的人像，而是通过背景变换让对方的影像与自己所在的会议室融为一体，让人们感觉世界各地的科研人员处于一个会议室在交流，使人们迅速消除陌生感，建立情感联系，增强信任，克服传统视频技术让人感觉在和机器中的人物对话产生的生疏感觉。通过这些技术的辅助，借助情境营造，可以促进隐性知识显性化，让科研人员增强理解能力与表达能力。在交谈中，可以方便地进行文件的交换，同时系统会自动以文字、音频和影像的形式记录下会议内容，存储在数据库中，同时每一个安装了 DIWA 系统的用户，都可以方便调用数据库中的内容，并且可以将自己的知识信息上传到系统中，实现知识的全方位与全时段共享。

3. 老年人生活行为观测及分析系统

在老年人家中及社区等生活环境中布设相应的观测设备，如家中可以布设基于物联网技术的健康检查设备、睡眠监测设备，家中电器的工作状态监测设备，在社区等生活环境中布设摄像头、健康检查设备等，在不干扰老年人生活的情况下，Living Lab 可帮助研究者在真实的环境下客观、真实、实时地收集到老年人的活动数据并进行分析。使互联网、物联网、无线技术等为支撑的老年服务产品嵌入到老年人日常生活的方方面面，建立老年人体验/使用服务 Living Lab。信息通信技术是 Living Lab 的技术核心，老年人日常生活行为等相关数据的采集、传输及分析等都是以信息通信技术为基础的。对数据采集终端实时传回的大量数据，利用数据挖掘技术加以分类、提炼，挖掘数据的内在价值，即将非结构化的、碎片化的数据进行精确分类处理，转化成结构化数据，形成身份类数据（用户提交的基本信息）、行为类数据（通过实时和历史数据的记录）、指标类数据（各个身体指标状况）、关系类数据（通过老年人参加其他活动记录、活动范围）等多个数据模块。

4. 用户体验与测试平台

BJAST Living Lab 构建了用于用户体验与测试的实验室。实验室集成了用户体验设备和虚拟现实设备，可以让用户在模拟真实生活情境或服务应用情境中对服务进行测试，保证测试的有效性。同时，也可以在信息通信技术的辅助下，离开实验室到真实的生活或服务应用环境中去进行相关产品或服务的测试。通过与国外研究机构的共同努力，服务测试采用半标准化的流程进行，并且制定了标准的测试量表。

5. 大数据系统

在服务的长期试运营过程中，BJAST Living Lab 成为一个服务数据中心，社区人口数据、用户行为数据、服务数据、运营数据和用户反馈信息源源不断地进入大数据系统。基于大量的服务数据，利用数据挖掘技术和分析手段，及时发掘和准确把握服务对象的真实需求，形成新的创意，做好服务的改进工作，设计更好的服务方案，实现持续创新。由于 BJAST Living Lab 实际运行的时间还不长，大数据系统尚未完全建立。

7.2　BJAST Living Lab 中的知识创造过程

BJAST Living Lab 经过几年的运行，根据目前养老资源紧缺状态短时间内难以缓解的现状，结合用户需求，以社会化、智能化养老支持系统为研究方向，目前已经开发了老年运动监测系统、老年居家安全管理服务系统、老年健康管理系统、老年防走失系统、社区无围墙敬老院及老年心理慰藉服务等多套服务系统，得到政府和群众的充分肯定，并引起社会的广泛关注。本书以基于社区管理资源的某老年健康管理系统为例，来分析 Living Lab 中的知识创造过程。

7.2.1　总体创意阶段

创意与用户需求调查其实是无法完全分开的，创意阶段并不见得是创新的第一个阶段，实际上，创意可以在任何阶段提出。为叙述方便，本书把创意列为第一个阶段。这里的创意是一个比较宏观的概念，创新必须有一定的落脚点，创意确定了创新的范围，如当前需要研究的是老年健康方面的服务，还是老年安全方面的服务。

创意的来源是多方面的，用户是重要的创意源，很多研究的创意是基于用户需求表达基础上或对用户行为观察上的，另外，科研人员、同行研究者，甚至竞争对手都是重要的创意来源。在本书中，正是用户对自己目前在健康检查、身体状况监测种种不方便的抱怨，以及社区卫生人员的建议激发了基于社区管理的健康管理系统研发的创意。

在调研中发现，老年疾病或突发事件对老年人的健康形成了巨大威胁，在生活实际中：一方面，医院的体检非常复杂且不方便，老年人就医存在非常大的困难；另一方面，社区医疗资源又呈现部分闲置状态。原因在于老年人的健康观念存在偏差，居家健康监测还是一个空白点，对绝大部分案例来说，并不需要到专门的医院解决问题，通过协调社区资源实现老年人的居家健康监测与管理，是解决问题的一个有效途径。应用物联网、现代信息通信技术实现老年健康的实时管理，利用社区优势，提高反应速度，减少社会养老资源的浪费，是本系统的重要目标。

7.2.2　用户知识的获取

用户知识的获取主要通过两种途径获取：一种是基于民族志和田野调查的访谈方法；另一种是基于用户生活行为研究的方法。

访谈方法分为线上访谈与线下访谈两种模式。线下访谈主要针对老年用户群体，为避免传统访谈方法带来的"霍桑效应"，研究人员通过让老年用户讲故事（story telling）的方法，从老年人的故事中抽取老年人面临的困难和真实需求，经过一段时间后再直接咨询，避免直接问卷式的调研，事实证明，这种方法是获取真实有效知识的重要手段。线上访谈主要依托 Living Lab 的协同创新平台进行，由于社区与社区卫生机构已经是 Living Lab 的重要成员，所以这些用户可以通过线上的形式提供很多关于老年人的资料，也可以对自己的需求进行充分的表达。

需要指出的是，访谈方法会贯穿整个创新流程的始终，不仅在需求调研的阶段进行访谈，在产品与服务的设计过程中也要进行线上或线下的访谈，特别是在产品的测试过程中，更是会插入高密度的访谈行为，传统的访谈方法称为用户知识获取的重要手段。

除访谈外，BJAST Living Lab 还在部分志愿老年用户的家中布设了健康数据收集设备，如远程血压计、血糖仪、睡眠监测仪等，还在社区公共场所布置了自助式体检仪，同时还布置了其他数据收集设备，利用信息通信技术手段收集老年人的健康数据与生活行为数据。通过对这些数据的分析，可以获取关于老年人的需求信息等知识。通过在老年人的日常生活场所和随身配备相应的数据记录设备，进行数据采集。在老年人真实生活的环境实现数字化和智能化的基础上，从而使老年人日常生活的任何一种环境（如家里的卧室、客厅、洗手间等）都变成了实验室。老年人日常行为活动的数据采集指标包括日常生活事件类型（如睡眠、运动、人际交流等）、事件发生时间（如起始时间，时长等）、事件相关的空间（地点等）、生命体征（血压、脉搏、体温、呼吸、心率变异度等）、语言状态（分贝、语速等）、运动状态（速度、重心加速度等）、物的情景触发（声、光、相关仪器设备等）等多个指标，也包括用户使用一些老年服务和产品时的各种反应，这些数据都成为用户需求分析的基础。

　　图 7.1 表示的是某老年人居室监测方案，也是重要的老年人行为分析数据采集系统。采集到的老年用户行为数据进入数据库，根据研究内容开发数据分析系统，包括宏观的通用数据分析与挖掘系统，也包括为解决某一专门问题而开发的数据分析软件，如针对某一服务产品测试而开发的数据分析系统。通过数据分析，试图找到用户的真实需求或者获得某个问题的解决方案。

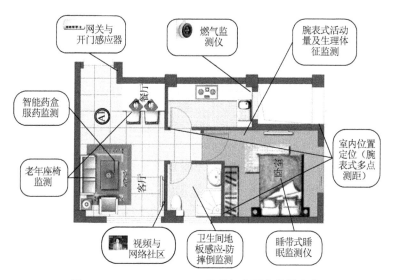

图 7.1　BJAST Living Lab 某老年人居室监测方案

7.2.3　知识的生成

　　在充分理解用户需求的基础上，Living Lab 中的核心创新团队开始进行服务的设计工作。服务设计的过程也是一个知识共享的过程，在整个设计过程中，核心团队的成员一方面要继续吸收外部的知识，将外部知识继续引入团队；另一方面团队成员需要应用各种方法和工具，进行知识的共享。

　　参与设计的核心创新团队包括各类科研人员、技术开发人员，还有部分领先用户。设计的过程包括概念设计、原型设计和生产设计等阶段，在每一个阶段，都需要核心创新团队成员进行充分的讨论，需要应用头脑风暴、思维导图、德尔菲法等创新方法对知识进行充分的交流、碰撞、激发、重组。基于 Living Lab 方法，真实的创新情境必不可少，为了激发每一个人的灵感和创意，设计过程中需要多次对应用环境进行实地体验，用虚拟现实技术进行模拟仿真，尽量在真实的情境中进行设计，并注意充分吸收用户的知识。最终的创新成果，无论是服务原型还是改进后的设计，都是核心创新团队成员知识的结晶，是多个创意的组合。

由于设计中用户有相当的影响力，设计方案从一开始就遵循了体现用户价值的原则，核心理念为基于社区有限资源，为老年用户的健康管理提供最大的用户价值。在设计中出现了很多困难，如体检仪器的合理布设问题、健康数据的管理和分析问题、社区响应机制及社区资源的制约问题、成本的控制问题（政府的投入有限），通过核心团队的共同努力，特别是知识的共享，产生了很多非常有创意的解决方案，服务原型得以顺利完成。

7.2.4　知识的演化

服务原型设计完成后，进入产品的测试过程，这个过程需要用户的参与。服务原型是核心创新团队知识的表现形式，对服务原型的测试其实就是对知识的选择过程。服务原型的测试分为两个阶段：第一阶段是利用虚拟现实技术在实验室的测试过程；第二阶段是在居民家中、社区管理机构、社区卫生机构等真实环境中进行的测试。通过用户体验和测试，发现服务原型中的诸多不足，需要对服务原型进行改进和完善，通过测试改进几个循环，创新团队的知识逐渐得到精炼与改进，新的知识源源不断地进入产品，服务系统也逐渐成熟。

正如前文所述，知识选择次数的增加，有利于提升知识的适应性，增加可用知识数量和质量。增加知识选择次数就意味着减少原型设计和原型测试所需要的时间，BJAST Living Lab 采用了一套工具与方法来增加知识选择次数，这些工具和方法包括快速原型技术、虚拟现实技术和网络测试平台。BJAST Living Lab 的创新对象主要是采用信息技术的智慧老年服务产品，在长期的研究与开发中，逐步形成了丰富的设计素材，同时开发了快速原型设计软件，设计服务或产品原型的时间逐步降低，同时应用虚拟现实技术和网络测试平台，可以在模拟的现实情况下快速进行部分测试过程，在信息通信技术的辅助下，也可以尽量减少在真实生活环境中的服务产品测试时间，从而可以增加知识选择的次数。

每经过一次选择，知识都会得到精炼与提纯，选择的结果一方面可以淘汰掉不适应环境的知识，清晰地表明知识体系的缺陷所在，给知识的进一步改进提供依据；另一方面也留下了适应环境的知识，知识会随着选择得到进化。在 BJAST Living Lab 中，新知识的引入与知识的进化是一个动态持续的过程，得益于创新信息系统的支持和大数据收集与分析技术，不仅在频繁的测试过程知识会得到进化，在产品或服务部署以后，来自用户及市场的反馈信息会源源不断地进入大数据系统，知识也就得到持续的进化。

7.3　Living Lab 知识创造实验及分析

　　Living Lab 是一种用户驱动在真实情境下的创新模式,注重信息通信技术的应用是其显著特征[210]。用户参与对 Living Lab 知识创造有什么样的贡献?用户参与服务创新的哪些因素会影响到知识创造的绩效?创新情境对知识创造有何影响趋势?国内外的学者对这些问题的理论研究较多,但实证研究较少。从研究方法上看,现有针对用户参与的研究基本上都是以调查问卷或访谈的形式收集数据,在此基础上进行数据分析,这些数据通常带有较大主观性,影响了结果的可信度,从研究内容上看,这些研究均尚未涉及用户参与方式与创新情境的影响。为保证研究的客观性,根据前文分析结论,用户参与程度与真实情境对知识创造有着显著的影响,为此,本书设计了相应的实验对此进行验证。以某一老年自助式健康服务系统设计为背景,设计了一个分组和分阶段的实验过程,并采用了基于 Living Lab 理念的真实情境营造与行为观察方法,保证了研究结果的客观性。在此基础上通过建立评价指标体系,分别针对各组方案进行单指标和多指标的比较,并应用模糊熵权 ELECTRE(Fuzzy-Entropy ELECTRE)法对各组知识创造效果进行评价与对比,验证用户参与、参与方式、参与情境对服务创新的影响。

　　BJAST Living Lab 所从事的领域属于服务创新,服务创新的核心问题是利用新技术、新思想对服务流程和服务产品进行革新和改进,为顾客创造新的价值[211],对用户需求的准确把握是服务成功的重要前提。用户参与有利于服务设计更加契合用户的真实需求,用户也可以为服务设计提供卓越的创意。服务创新的产品与技术创新不同,具有无形性特征,形式多样,服务功能的实现必须与用户行为相融合,用户已经成为服务产品的核心组成部分。清华大学的蔺雷和吴贵生[212]通过研究指出,服务创新的“顾客导向”非常明显,顾客需要作为“合作生产者”积极参与整个创新过程。可以说,“用户参与”是服务创新的本质要求。

　　服务创新的这些特征使得其无法像实体产品创新那样在一个封闭的实验室进行,服务创新必然和用户的日常生活息息相关,创新情境也必然会扩展到用户的日常生活环境。现代信息通信技术的应用对于提高服务的质量和效率起着重要的作用,Thorsell[114]认为信息通信技术有利于服务创新中的隐性知识向显性知识转化;Barras[213]更是指出服务创新的具体特征与信息强度密不可分,信息强度在某种程度上决定了服务的创新效果。实际上,信息通信技术已经成为用户参与服务创新的重要手段与途径。

7.3.1　实验过程

1. 实验背景介绍

人口老龄化是我国中长期内面临的重大社会问题，也是一个全球性问题，开发面向老年人实际需求的服务越来越显示出其重要性。当前老年服务资源结构性短缺，传统的劳动密集型养老方式难以为继，随着科技革命不断深入和日趋成熟，实现老龄服务的社会化、智能化，是解决这些问题的必然选择。老年人是为老服务的对象，服务产品获得老年人的满意，为老年人增加真实有效的价值，是为老服务的核心目标。为此，BJAST Living Lab 力求设计一套基于信息技术与智能技术的社区内自助式体检服务系统，该服务系统涵盖用户自助体检、数据归档、数据分析、专业医疗机构的健康建议及其他增值服务等内容。科研人员已经设计出了服务的总体框架，配置了必要的硬件设备，开发出了软件原型，在此基础上，需要制订出完整的服务方案，包括硬件设备功能、可用性优化、服务流程、服务环境等设计内容。

2. 实验过程设计

用户参与及真实的创新环境是 Living Lab 的核心特征，信息通信技术是前两个核心特征的基础和手段，Living Lab 的创新过程可以用知识创造过程来描述，本书给定，在信息通信技术手段的支持下，同时拥有用户参与及真实的创新环境属于 Living Lab 创新模式的范畴。为了验证用户参与及创新情境对知识创造的作用机理，本书设计了相应的实验过程，应用实验对比的方法，对 Living Lab 特征与知识创造效果之间的关系进行研究[214]，并观察知识创造的过程。为此，将实验分为三个阶段，将参与实验人员分成三个组，分别是科研人员组、用户组、科研人员与用户的混合组。

第一阶段，分别由科研人员组和用户组各自独立完成方案设计，历时 5 天。

这一阶段的主要任务是观察和比较科研人员和用户在科研过程中的各种差异，用户是不是具有一定的创新性，科研组在没有用户参与的情况下，对于用户知识的获取也必然通过传统手段，这样也为第二阶段和第三阶段的试验提供比较数据。

第一组由专门的科研人员组成，共 8 人，包括技术开发人员和服务工程科研人员，本组成员在查阅文献资料，前期调研的基础上，针对服务产品原型提出改进的创意，创新过程包括充分的知识共享过程，主要采用讨论会、头脑风暴、检核表等方法，在充分的讨论和交流后，每个成员都可以给出自己的创意，然后共同决定如何做最终的设计方案，设计过程中做好各项记录工作。最后选择优秀创意组合后独立设计出一个完整的服务方案,记为方案 S1。

第二组是用户组,在社区中选取 8 位老年人和 2 名社区医务工作者,老年人涵盖不同年龄段和不同文化程度,其中女性 5 人,男性 3 人。因为用户对于专业技术知识不可能完全了解,所以为这一组配备一名服务工程科研人员,该科研人员负责对用户组进行服务框架的讲解,回答技术问题,但要求绝对不能干涉方案创新过程。本组成员通过开讨论会、头脑风暴等方式在服务原型基础上提出改进的创意,为保证用户的创新效果,保留更多的创意,本次实验要求科研人员尽量对创意不予否定,只是在每次讨论结束后把技术可行性非常差的创意否决,最后设计出一个完整的服务方案,为方案 S2。

第二阶段,真实环境下的服务方案设计,历时 8 天。

本阶段需要在真实环境下进行服务方案的设计,用户组和科研组人员会先后到服务将来应用的环境中去进行实地体验,并可进行简单的走访,对应用环境和其他环境进行体验。

体验结束后,通过虚拟现实技术打造一个服务运营的现实环境,架设起自助式综合体检机等硬件设备,开通软件模拟系统,请用户组参加服务体验,模拟整个服务流程,在整个体验过程中,在用户未察觉的情况下,科研组会应用技术手段对用户的行为进行观察记录,每个用户体验过程结束后,科研人员会对用户就其感受进行访谈。

科研组在用户体验结束后重新提出创意,也可以选用以前的创意,重新设计服务方案,形成方案 S3。

用户组在体验结束后重新进行讨论,大家重新提出创意,也可以选用先前的创意,重新设计服务方案,形成方案 S4。

第三阶段,科研人员、用户组的共同创新,本阶段历时 5 天。

科研人员与用户组合并,共同进行服务方案的设计,通过应用用户访谈、头脑风暴、希望点列举法等手段,激发更好更新的创意,最后对所有的创意进行取舍,科学组合,本阶段最终形成一个方案,记为方案 S5。

7.3.2　知识创造的测度

1. 知识的测度方法

为了研究 Living Lab 中的知识创造问题,需要对其中的知识进行识别和测度,但由于知识的无形性特征,在识别和测度方面还存在很多困难,很难进行精确计量。有些专家认为知识是没有量纲的,本身可用某些数据来进行计量[215],但更多的专家认为知识本身是难以计量的,只能通过知识的表现形式、载体或知识成果的属性来进行测度[216],如用引文数量、专利成果数量来衡量[217]。对于本次实验中的知识计量，本书采用知识的表现形式和知识成果进行测度。

知识的表现形式可以是操作规程、技术文档、论文等显性形式，也可以是经验、技巧类的隐性形式，在本次试实验过程中，核心创新团队的知识主要表现为在设计过程中提出的各种创意，包括具体的操作建议，所以每个成员的设计意见可以作为知识计量的一种形式。另外，根据绝大多数文献与实践过程，对于知识的直接评价很难进行，知识的价值最终还是要依托创新成果来体现，对创新过程中知识的计量和测度还是依托创新成果来进行的，创新成果可以看成是创新团队知识的结晶，创新成果的属性也就是对知识属性的间接评价。在本案例中，本书可以对多个创新方案进行评价，这些评价结果也自然是对知识的评价。

2. 创意数量统计

在各组创新活动过程中，如讨论会、头脑风暴会等，均安排专职人员进行了详细记录，把每个人提出的创意和改进意见记录下来，在会议结束后技术人员会指出不可行的创意并通知参与人员，由于某些创意点具有互斥性，所以不可能全部应用到最终方案中，经各组讨论，合理组合这些创意点，形成最终方案。各组在各阶段产生的创意数量如表 7.1 所示。

表 7.1　各组创意数量统计表

阶段	是否真实情境	组别	创意数/个	不可行创意数/个	选用到方案中的创意数/个	选择比率/%	形成方案
第一阶段	否	科研组	22	—	19	86	S1
		用户组	46	9	23	50	S2
第二阶段	是	科研组	39	—	29	74	S3
		用户组	67	5	37	55	S4
第三阶段	是	混合组	97	2	46	47	S5

从创意数量统计可以看出，用户组产生的创意数量比科研组明显要多，经过真实情境的体验阶段后，各组产生的创意数量又比前一阶段有了一个显著的飞跃。通过对创意的最终选择比率来看，科研人员组明显要高于用户组。

3. 创新方案的评价指标

对于服务创新方案的评价是个复杂的问题，本书不仅需要对方案间进行特征对比，还需要对各方案进行综合优劣排序，选出最优方案。为保证评价结果的客观性和科学性，需要从多个方面进行评价，创新服务方案的评价是个典型的多属性决策问题，在建立适当的数学模型的基础上，选择科学的评价指标也是一个重要的方面。Cooper 认为，独特的创意是新产品开发成功的第一要素[218]；Amabile 指出独创性虽然重要，但不是方案成功的唯一要素，实用性与用户价值也是重要因素[219]；Hart 等通过研究发现，在创新前期阶段比较多的评价指标有技术可行性、产品独特性、市场潜力、客户接受度[220]。索爱公司评价产品（服务）创新的标准有四个：服务是否有创新性？服务是否实用？是否便利？服务是否很"酷"？Cooper 和 Kleins chmidt 从财务绩效、机会窗口和市场份额三个方面对创新方案是否成功进行判别[221]；贾丽娜在对创新绩效评价的研究中应用四个维度，即财务绩效、机会窗口、用户满意度和品牌知名度[222]。

通过对文献中服务创新指标的分析，并对一些服务专家进行咨询，本书最终选择四个评价维度，分别是独创性、用户价值、技术可行性和经济性，这也与前面所列的知识基因高度吻合，这是对创新方案属性与所应用知识属性相一致论断的印证。独创性主要考察方案创新点的数量和创新的独特性，用户价值体现方案对用户提供的便利性、满足需求的程度，技术可行性主要考虑创新方案在技术上是否能够顺利实施，经济性主要考虑收益和成本等情况。

7.3.3　FE-ELECTRE 模型构建

针对多属性决策问题，人们提出了很多方法，如 TOPSIS 法、层次分析法、加权积法等，这些方法的共性是都需要确定各属性的权重，并且在计算中往往隐含一个前提条件——各属性间可以补偿，而实际上各属性间并不是都能够互相补偿的。另外，对于权重值的处理依赖于专家打分，这就使权重值带有浓重的主观色彩。ELECTRE 法有非不和谐性检验的过程，对属性的替代问题进行了限定，故本书采用 ELECTRE-I 法对方案进行综合评价排序。ELECTRE 法实质上是一种以属性权重投票的多属性评价方法，各属性权重的测度对方案评价结果非常重要，用信息熵来确定权重有比较强的客观性，能够保证评价结果的准确性。在对各方案指标的测度中，往往很难给出准确的测度值，给出比较模糊的评价语比较方便。基于以上问题，本书对 ELECTRE 法进行改进，采用三角模糊数来测度评语值，用信息熵来确定各属性的权重，建立 Fuzzy Entropy-ELECTRE 模型，简称 FE-ELECTRE 模型。

1. 相关定义

定义 7.1　定义某凸模糊子集 A，μ_A 为 A 的隶属函数，$\mu_A(x)$ 成为 A 的隶属度，如果 A 可以用以下隶属函数定义，则该函数为三角模糊数，可以表示为 $A=(l,m,r)$，其隶属函数为 $\mu_A(x)$：

$$\mu_A(x) = \begin{cases} 0, 0 < x < l \\ \dfrac{x-l}{m-l}, l < x < m \\ \dfrac{x-m}{r-m}, m < x < r \\ 0, x > r \end{cases} \tag{7.1}$$

引理 7.1 设模糊集合 $F = \{M_1, M_2, \cdots, M_n\}$ 对任一个模糊数 $M_j = (m_{lj}, m_{mj}, m_{rj})$，令 $L(F) = \min_{1 \leqslant j \leqslant n}\{m_{lj}\}$ 和 $U(F) = \max_{1 \leqslant j \leqslant n}\{x_{rj}\}$，则通过 $L(F)$ 与 $U(F)$ 的联系得到它的精确值，其经典值[223]：

$$E_F(M_j) = \frac{\int_0^1 ((m_j)_\alpha^L - L(S))\mathrm{d}\alpha}{\int_0^1 ((m_j)_\alpha^L - L(S))\mathrm{d}\alpha + \int_0^1 (U(S) - (m_j)_\alpha^U)\mathrm{d}\alpha} \tag{7.2}$$

$$= \frac{m_{lj} + m_{mj} - 2L(F)}{m_{lj} - m_{rj} + 2(U(F) - L(F))}$$

定义 7.2 令 $\geqslant$ 为模糊数上的一个二元关系，若 M_i、M_j 为集合 A 的两个三角模糊数，当且仅当 $E_F(M_i) \geqslant E_F(M_j)$，$M_i \geqslant M_j$，称 M_i 大于等于 M_j。

显然，给定集合 A，上述关系"$\geqslant$"满足自反性、反对称性、传递性和可比性。所以，根据经典值，各三角模糊数可以比较大小。

引理 7.2 $M_i = (m_{li}, m_{mi}, m_{ri})$ 与 $M_j = (m_{lj}, m_{mj}, m_{rj})$ 为两个三角模糊数，则 M_i 与 M_j 之间的距离可以表示为[224]

$$d(M_i, M_j) = \sqrt{\frac{1}{3}\left((m_{li} - m_{lj})^2 + (m_{mi} - m_{mj})^2 + (m_{ri} - m_{rj})^2\right)} \tag{7.3}$$

2. 构建模糊评价矩阵

设有 m 个待评价服务创新方案 $S_1, S_2, \cdots, S_m$，有 n 个评价维度 $C_1, C_2, \cdots, C_n$，有 k 个决策者（评价者）进行评价，$\tilde{x}_{ij}^k$ 表示第 k 个决策者对方案 S_i 的第 j 个评价维度 C_j 的模糊评价值，可用三角模糊数 $\tilde{x}_{ij} = (\tilde{x}_{ijl}^k, \tilde{x}_{ijm}^k, \tilde{x}_{ijr}^k)$。$w^\mathrm{T} = (w_1, w_2, \cdots, w_n)^\mathrm{T}$ 为评价维度的权重向量。由于不同的评价者由于主观偏好因素和知识背景对不同的指标认可度不同，本书可以采用如下公式对各专家的评价值求平均值，缩小认可程度上的差异[225]。

$$\tilde{x}_{ij} = \frac{1}{k}\sum_{k=1}^k \tilde{x}_{ij}^k = \frac{\tilde{x}_{ij}^1 + \tilde{x}_{ij}^2 + \cdots + \tilde{x}_{ij}^k}{k} = \frac{1}{k}\left(\sum_{k=1}^k \tilde{x}_{ijl}^k, \sum_{k=1}^k \tilde{x}_{ijm}^k, \sum_{k=1}^k \tilde{x}_{ijr}^k\right) \tag{7.4}$$

模糊评价矩阵为

$$
\tilde{X} = \begin{array}{c} \\ S_1 \\ S_2 \\ S_{...} \\ S_m \end{array} \begin{array}{cccc} C_1 & C_2 & C_{...} & C_n \\ \begin{bmatrix} \tilde{x}_{11} & \tilde{x}_{12} & \cdots & \tilde{x}_{1n} \\ \tilde{x}_{21} & \tilde{x}_{22} & \cdots & \tilde{x}_{2n} \\ \vdots & \vdots & & \vdots \\ \tilde{x}_{m1} & \tilde{x}_{m2} & \cdots & \tilde{x}_{mn} \end{bmatrix} \end{array} \tag{7.5}
$$

如果评价属性的表征比较复杂，同时有效益型与成本型指标时，可以用下面的方法对各表征值进行规范化与归一化。

$$
\tilde{r}_{ij} = \left[\frac{x_{ijr}}{x_{il}^{+}}, \frac{x_{ijm}}{x_{il}^{+}}, \frac{x_{ijl}}{x_{il}^{+}} \right], \quad x_{ir}^{+} = \max_{j}(x_{ijr}), \quad \text{当属性为效益型时} \tag{7.6}
$$

$$
\tilde{r}_{ij} = \left[\frac{x_{il}^{-}}{x_{ijr}}, \frac{x_{il}^{-}}{x_{ijm}}, \frac{x_{il}^{-}}{x_{ijl}} \right], \quad x_{il}^{-} = \min_{j}(x_{ijl}), \quad \text{当属性为成本型时} \tag{7.7}
$$

对上述矩阵进行归一化，令

$$
\tilde{p}_{ij} = \tilde{r}_{ij} \Big/ \sum_{i=1}^{m} \tilde{r}_{ij} \tag{7.8}
$$

则归一化的评价矩阵为

$$
\tilde{P} = \begin{array}{c} \\ S_1 \\ S_2 \\ S_{...} \\ S_m \end{array} \begin{array}{cccc} C_1 & C_2 & C_{...} & C_n \\ \begin{bmatrix} \tilde{p}_{11} & \tilde{p}_{12} & \cdots & \tilde{p}_{1n} \\ \tilde{p}_{21} & \tilde{p}_{22} & \cdots & \tilde{p}_{2n} \\ \vdots & \vdots & & \vdots \\ \tilde{p}_{m1} & \tilde{p}_{m2} & \cdots & \tilde{p}_{mn} \end{bmatrix} \end{array}
$$

3. 利用信息熵确定各评价指标的权重

1）信息熵

熵（entropy）本来是一个由物理学家 Cluausis 提出的热力学概念，后人在此基础上提出了信息熵的概念[226]。

设 p_{ij} 为评价中第 i 个方案针对第 j 个指标的测度，共有 m 个方案，n 个指标，设 $H(j) = -\sum_{t=1}^{m} p_{ij} \cdot \ln p_{ij}$，则信息熵为[227]

$$
E(j) = H(j) / \ln m \tag{7.9}
$$

2）指标权重的确定方法

本书用信息熵的理论来确定权重，一般说来，综合评价中某项评判指标因素的指标值变异程度越大，信息熵越小，该指标提供的信息量越大，其权系数也越大；反之，其权系数越小。

令

$$V_j^i = 1 - \frac{1}{\ln m} H(j) = 1 + \frac{1}{\ln m} \sum_{i=1}^m x_{ij} \cdot \ln x_{ij} \tag{7.10}$$

$$W_j = V_j^i / \sum_{j=1}^n V_j^i, \quad 0 \leqslant W_j \leqslant 1, 且 \sum_{j=1}^n W_j = 1$$

3）基于三角模糊数的熵权确定方法

模糊数之间的相乘运算与相除运算都比较复杂，更复杂的运算更是难以推导。为使运算简便有效，本书需根据三角模糊数的相关性质来设计熵权的计算方法。一种思路是根据式（7.2）计算出各模糊数的经典值，再根据式（7.7）和式（7.8）来计算熵权，但这种算法会丢失部分信息。实际上，对于一个三角模糊数，(l, m, r) 三个数字可以认为是最小可能值、最可能评估值和最大可能值[228]，对于每一个测度值 x_{ij}，本书都用一个三角模糊数来表示 $\tilde{x}_{ij} = (\tilde{x}_{ijl}, \tilde{x}_{ijm}, \tilde{x}_{ijr})$，本书可以用式（7.5）和式（7.6）进行规范化与归一化，$\tilde{p}_{ij} = (\tilde{p}_{ijl}, \tilde{p}_{ijm}, \tilde{p}_{ijr})$。

为在权重中注入尽量多的信息，本书应用式（7.7）与式（7.8），对每个属性三角模糊数的三个数值 (l, m, r) 分别求相应的权重值：

$$V_{jk}^i = 1 + \frac{1}{\ln m} \sum_{i=1}^m x_{ijk} \cdot \ln x_{ijk}, \quad k = l, m, r \tag{7.11}$$

$$W_{jk} = V_{jk}^i / \sum_{j=1}^n V_j^i, k = l, m, r \tag{7.12}$$

应用下面的公式来确定各属性最终权重值：

$$W_j = \left(W_{jl} + 4W_{jm} + W_{jr} \right) / 6 \tag{7.13}$$

4. 进行和谐性检验

ELECTRE 法的基本原理是通过计算和谐性指数和非不和谐性指数来判断方案的优劣关系[229]，若根据属性 j，方案 S_i 优于方案 S_k，记作 $S_i \succ jS_k$，把所有满足 $S_i \succ jS_k$ 的属性 j 的集合记作 $J^+(S_i, S_k)$，即 $J^+(S_i, S_k) = \left\{ j \middle| 1 \leqslant j \leqslant n, C_j(\tilde{r}_{ij}) > C_j(\tilde{r}_{kj}) \right\}$，同理，可以定义集合 $J^=(S_i, S_k)$ 和 $J^-(S_i, S_k)$。

定义和谐性指数

$$I_{ik} = \left(\sum_{j \in J^+(S_i, S_k)} w_j + \sum_{j \in J^=(S_i, S_k)} w_j \right) / \sum_{j=1}^n w_j \tag{7.14}$$

和

$$\hat{I} = \left(\sum_{j \in J^+(S_i, S_k)} w_j \Big/ \sum_{j \in J^=(S_i, S_k)} w_j \right) \qquad (7.15)$$

建立和谐性指数矩阵。

$$\boldsymbol{I}_{ij} = \begin{bmatrix} - & i_{12} & \cdots & i_{1n} \\ i_{21} & - & \cdots & i_{2n} \\ \vdots & \vdots & & \vdots \\ i_{m1} & i_{m2} & \cdots & - \end{bmatrix}, \quad \hat{\boldsymbol{I}}_{ij} = \begin{bmatrix} - & \hat{i}_{12} & \cdots & \hat{i}_{1n} \\ \hat{i}_{21} & - & \cdots & \hat{i}_{2n} \\ \vdots & \vdots & & \vdots \\ \hat{i}_{m1} & \hat{i}_{m2} & \cdots & - \end{bmatrix}$$

5. 进行模糊非不和谐性检验

非不和谐性检验指数为

$$\tilde{d}_{ik}^{j} = C_j(\tilde{r}_{kj}) - C_j(\tilde{r}_{ij}), j = 1, 2, \cdots, n \qquad (7.16)$$

为认为对于属性 j，认可方案 S_i 级别高于方案 S_k 的阈值，超过这个值，则不再认为 $S_i \succ S_k$，也就是此属性不再接受其他属性的补偿。

6. 确定各方案的优劣关系

据此可构建一致性比较矩阵：

$$C_{ij} = \begin{bmatrix} - & c_{12} & \cdots & c_{1n} \\ c_{21} & - & \cdots & c_{2n} \\ \vdots & \vdots & & \vdots \\ c_{m1} & c_{m2} & \cdots & - \end{bmatrix}, \quad c_{ik} = \begin{cases} 0, \tilde{d}_{iik}^{j} \geqslant p \\ I_{ik} \text{or} \hat{I}_{ik}, \text{else} \end{cases}, \forall i \neq k$$

若 $i_{ij} > \alpha, \hat{i}_{ij} > 1, 0.5 < \alpha < 1$，则 $S_i \succ S_j$，通过方案两两对比，从而确定各方案的优劣关系。

7.3.4　创新方案评价结果

针对 5 个服务创新方案，把评价值分为 5 个等级，分别为{差，较差，一般，较好，好}，用英文表示{VP, P, F, G, VG}，评价值是模糊的，本书构造模糊语义词隶属度函数，转化为三角模糊数，见表 7.2，其隶属度函数如图 7.2 所示。

表 7.2　模糊评价等级语义

语言变量	好	较好	一般	较差	差
三角模糊数	(0.7, 1, 1)	(0.5, 0.75, 1)	(0.25, 0.5, 0.7)	(0, 0.25, 0.5)	(0, 0, 0.25)

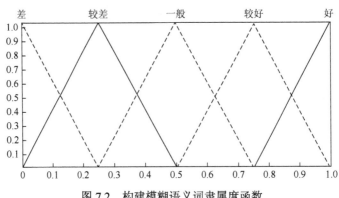

图 7.2　构建模糊语义词隶属度函数

1. 专家评价值的处理

针对不同阶段不同组别设计的 5 个服务创新方案，实验邀请 5 名服务工程方面的专家针对四个评价维度给出评语。评语表见表 7.3。

表 7.3　专家针对 5 个方案的评语表

专家	方案	独创性	用户价值	技术可行性	经济性
专家 1	方案 1	差	较差	较好	一般
专家 1	方案 2	较好	好	差	一般
专家 1	方案 3	较好	较好	较好	较好
专家 1	方案 4	好	一般	较好	一般
专家 1	方案 5	好	较好	好	较好
专家 2	方案 1	一般	差	好	一般
专家 2	方案 2	较好	好	较好	差
专家 2	方案 3	较好	较好	一般	较好
专家 2	方案 4	好	较好	较好	较差
专家 2	方案 5	一般	好	较好	一般
专家 3	方案 1	差	差	较好	较差
专家 3	方案 2	好	好	差	差
专家 3	方案 3	好	较好	较好	较好
专家 3	方案 4	较好	较好	一般	一般
专家 3	方案 5	好	较好	较好	一般
专家 4	方案 1	较差	差	较好	较好
专家 4	方案 2	较好	好	一般	一般
专家 4	方案 3	较好	较好	较好	一般
专家 4	方案 4	好	较好	一般	一般

续表

专家	方案	独创性	用户价值	技术可行性	经济性
专家 4	方案 5	好	较好	较好	较好
专家 5	方案 1	一般	一般	较好	一般
专家 5	方案 2	一般	较好	差	差
专家 5	方案 3	较好	较好	较好	一般
专家 5	方案 4	较好	好	较好	差
专家 5	方案 5	好	较好	较好	一般

根据表 7.2、表 7.3 和式（7.4），可以求得 5 个专家的平均模糊评价值结果如表 7.4 所示。

表 7.4　专家对 5 个方案的模糊评价值

方案	独创性	用户价值	技术可行性	经济性
方案 1	(0.1, 0.25, 0.5)	(0.05, 0.15, 0.4)	(0.54, 0.8, 1)	(0.25, 0.5, 0.75)
方案 2	(0.49, 0.75, 0.95)	(0.66, 0.95, 1)	(0.15, 0.25, 0.5)	(0.1, 0.2, 0.45)
方案 3	(0.54, 0.8, 1)	(0.5, 0.75, 1)	(0.45, 0.7, 0.95)	(0.4, 0.65, 0.9)
方案 4	(0.66, 0.95, 1)	(0.49, 0.75, 0.95)	(0.4, 0.65, 0.9)	(0.15, 0.35, 0.6)
方案 5	(0.61, 0.9, 0.95)	(0.54, 0.8, 1)	(0.54, 0.8, 1)	(0.35, 0.6, 0.85)

根据式（7.2），可以把表 7.3 中的三角模糊数转化为经典值，从而可以对各方案的评价值进行大小比较（表 7.5）。

表 7.5　专家对 5 个方案经转化后的经典评价值

方案	独创性	用户价值	技术可行性	经济性
方案 1	0.1667	0.0645	0.8611	0.4643
方案 2	0.7917	0.9679	0.1935	0.1290
方案 3	0.8611	0.8214	0.7500	0.6786
方案 4	0.9342	0.7917	0.6786	0.2759
方案 5	0.8973	0.8611	0.8611	0.6071

从表 7.5 中的数据可以看出，用户参与的创新方案在独创性与用户价值方面相对优于科研组方案，可见用户参与对方案的独创性与用户价值两个指标有着较大的正面影响。而科研组则在技术可行性方面有着较大的优势。用户组与科研组的结合，使得创新方案在各指标都具有比较好的表现。

2. 各方案评价排序结果

本书的计算过程全部通过 MATLAB6.0 编程计算，根据表 7.4 中的数据，应用式（7.9）～式（7.13），可求得各评价指标的权重值为 $\omega^t = (0.23, 0.35, 0.19, 0.23)^t$。

依据式（7.14）～式（7.15），可求得和谐性指数矩阵

$$I_{ij} = \begin{bmatrix} — & 0.42 & 0.19 & 0.42 & 0.19 \\ 0.58 & — & 0.35 & 0.35 & 0.35 \\ 0.81 & 0.65 & — & 0.77 & 0.23 \\ 0.58 & 0.65 & 0.23 & — & 0.23 \\ 1 & 0.65 & 0.77 & 0.77 & — \end{bmatrix}$$

$$\hat{I}_{ij} = \begin{bmatrix} — & 0.72 & 0.23 & 0.72 & 0.23 \\ 1.38 & — & 0.54 & 0.54 & 0.54 \\ 4.26 & 1.85 & — & 3.35 & 0.30 \\ 1.38 & 1.85 & 0.30 & — & 0.30 \\ 4.26 & 1.85 & 3.35 & 3.35 & — \end{bmatrix}$$

根据表 7.3 中的数据，根据式（7.3）和式（7.16），可求得非不和谐性指数，取和谐性指数阈值为 $\overline{I}_{ij} = 0.5$，非不和谐性指数阈值为 $\overline{\overline{d}}_{ik} = 0.3$，则所有属性都可通过非不和谐性检验，一致性比较矩阵与和谐性指数矩阵重合，根据一致性比较矩阵可以得到方案的优先次序为：$P_5 > P_3 > P_4 > P_2 > P_1$。

从结果来看，在第一阶段，方案 P_2 优于方案 P_1，说明用户设计的方案有一定优势。用户与科研组共同设计的方案 P_5 优于科研组设计的方案，可见用户参与创新对知识创造绩效有明显的正面作用。在第二阶段，科研组方案 P_3 优于用户组方案 P_4，但方案 P_4 是科研组在观察了用户行为，对用户进行了访谈之后设计的，相当于用户参与了创新。本书可以对比方案 P_3 和方案 P_1，方案 P_4 和方案 P_2，可以看到在经过了真实情境体验后，各组设计的创新方案都有了较大提升，证明基于 Living Lab 理念的真实情境会明显促进知识创造绩效。

7.3.5　结果讨论

通过实验，本书发现用户参与对于知识创造绩效有着非常显著的贡献，用户在方案设计中提出了很多非常卓越的创意。另外，用户参与创新的情景因素和参与过程的组织管理也对知识创造绩效有明显的影响。

1. 用户组方案明显在独创性和用户价值方面略胜一筹

本书选择的用户并没有按照 Hippel 教授所说的领先用户的标准去遴选，而是

按照年龄、受教育程度、性别、收入水平等几个标准进行的随机选择。在实验中，这些用户表现出了很强的创新能力，通过对第一阶段用户创新方案和专业人员的创新方案进行对比，可以看出，用户设计的方案在独创性方面有突出的优势，这显示出用户的创新能力，在用户价值方面也有非常好的表现，这与 Hippel 教授关于"用户创新有从创新成果中得到自己需求的满足的动机"这一论断相印证。实验证明，普通用户一样可以对创新做出卓越的贡献。

2. 科研人员组知识选择通过比率明显高于用户组

通过对各组提出的创意数量与进入服务原型中的数量进行对比，可以看到科研人员通过知识选择的概率要明显高于用户组。最后的混合组由于只能设计一个原型的缘故，所以造成通过率较低，但此数据不具备对比意义。这说明科研人员的知识在适应性上要高于普通用户，这也说明了在 Living Lab 的实际创新过程中虽然重视用户的作用，但目前仍然不能达到用户主导创新的程度是有客观原因的。本书提出 Living Lab 中核心创新团队行使着实际设计的任务，核心创新团队是重要的知识创造主体，实验数据也从侧面提供了支持。

3. 真实情境有利于粘滞性知识的转移和知识创造

本书可以对比方案 3 与方案 1，方案 4 与方案 2，可以看到在经过现实情境中的体验以后，两个组在真实环境下设计的创新方案从数量到质量都较前一阶段得到了非常明显的优化和提高，这说明在情境因素对于创新结果有明显的影响，真实情境可以提高创新的效果。用户对某种服务的需求和需求程度可以看成是一种知识，这种知识具有明显的黏滞性和隐默性，在真实环境下，用户结合其他工具，有可能将这种需求表达出来或表现出来，同时真实的情境也可以减轻知识的黏滞性，有利于知识的转移。另外，无论是用户组还是科研组，在真实情境中知识创造的数量与质量都有了非常明显的飞跃，这说明真实情境为知识创造提供了科学的环境，如前文所述，真实情境有利于知识的共享质量，有利于知识基因的突变，从而有利于新知识的产生。

在健康产品服务的设计过程中，类似的情况可以明显地被观察到，当很多用户反馈说"操作界面的按钮很难按"，设计人员根据自己的理解一直在改进界面设计，用电容式的触摸屏代替电阻式的触摸屏，在技术测试中没有发现问题，从而产生疑惑。在对用户真实环境中的操作过程进行观察并进行及时访谈以后，设计人员很快对用户要表达的真实意思有了顿悟，实际上用户要表达的信息是操作过程烦琐，老年用户记不住按键操作的顺序，很容易按错，在错误操作后又难以回到自己想要的步骤，造成下一次按键更加困难。这样，设计人员对流程进行了优化，尽量改用一键式的操作，并对系统的容错性加以改良，有效解决了问题。另外，通过在真实环境中对用户的行为包括表情变化特征进行分析，可以发现老年人更多更真实的需求。

4. 用户知识的获取促进了科研组知识创造的效率

通过对比方案 3 与方案 4 可以发现，科研人员设计的方案比用户组设计的方案总体效果要好，一个比较有意思的现象是用户组设计的方案 4 在用户价值这个指标竟然落后与科研组设计的方案 3。产生这个结果的原因在于：一方面在服务体验过程中，科研人员在暗中对用户行为进行了观察，在用户组进行服务体验后，科研人员对用户组进行了访谈，这样科研人员通过用户行为观察与实地访谈两个渠道获得了用户知识，在植入用户知识基因后，科研组的研发人员再通过知识共享行为，会产生出具有明显用户属性的新知识，而用户没有获得科研人员的相关技术指导，科研人员能够设计出更好的方案就不足为奇了；另一方面，用户组在科研部门所在的实验室环境中进行方案设计，影响到了用户的思考模式，他们不自觉地会站在专业人员的基础上进行设计，忘记自己的用户角色，这造成用户组在第二阶段设计方案的用户价值性反而不如科研人员的方案。

5. 知识共享过程是知识创造的重要途径

在实验的过程中，方案的设计与改进过程离不开头脑风暴、检核表、小组讨论等活动，这些活动是设计人员知识的共享过程，通过知识共享行为，多方的知识得到重新组合，新的知识生成并得以应用。在实验中可以观察到，无论哪一组，通过创新团队的知识共享，很多有独特价值的创意被激发出来，服务方案的设计在优秀创意的组合下，其各项指标都得以有效改善。

6. 异质性知识所有者的合作创新有利于新知识的创造

通过对各创新方案的排序本书可以看到，方案 5 是最优方案，在各个评价指标上的表现都比较优秀，可见用户与科研工作者的合作创新可以有效提高知识创造绩效。用户对需求的感觉比较直观，但这类知识有比较强的隐性知识特征，另外由于知识的嵌入性，知识的直接转移存在诸多困难，用户直接参与创新是个有效的解决方案，用户参与创新在服务用户价值的提高方面也有独特优势，由于用户知识面的局限性，在技术可行性与经济性方面比较欠缺，而科研工作者通常会更多的从方案的可行性和流程设计方面投入过多的注意力。

由于团队成员知识的异质性，知识在共享过程中每个成员的知识都得到其他知识的补充，在与其他知识的重新组合中产生了新的知识。多方合作创新方案的优秀结果也证明了知识完备性的重要，单纯用户组与科研组在创新过程中都会出现比较明显的缺陷，而混合组则会由于具备比较完备的知识领域，从而得到更好的创新成果。

7.4　本 章 小 结

　　由于时间与其他资源的限制，本次有组织的实验经历的时间和涉及的人员都很有限，创新的过程也只涉及原型产品的改进，但窥一斑而知全豹，本次实验还是获得了丰富的成果，为研究工作提供了佐证。通过比较科学的实验阶段设计和分组设计，为 Living Lab 创新方式提供了相应的比照标杆，通过对比分析，可以看到用户知识在创新过程中有着不可替代的作用，科研人员通过用户知识基因的植入，对知识创造的效率和质量起到了明显的促进作用，真实的创新环境为知识创造提供的场所，知识共享过程是知识创造的重要途径，也印证了知识的交合和知识基因的突变是新知识生成的重要机制这个论断。多方合作创新导致最优设计方案的实验结果也证明核心创新团队知识异质性与完备性的重要性。

第 8 章　Living Lab 的启示与应用

Living Lab 是在真实情境下以用户为重要驱动源的开放式创新模式，强调基于信息通信技术的工具与方法的辅助。在知识经济的大背景下，Living Lab 的创新原理可以用知识创造机理进行有效解释。通过本书前面章节的论述可知，Living Lab 就是一个用于知识生产的工厂，其核心特征包括用户为中心、真实情境、信息通信技术工具等若干因素相辅相成，有利于知识的合成与转移。Living Lab 作为在欧洲得到广泛应用的创新工具，取得了较好的成效。Living Lab 的相应做法与原理，可以为我们提供很多启示。本章通过对前述内容进行归纳总结，试图将 Living Lab 与中国国情相结合，探索把这种方法与工具融入我国发展战略的途径，为提升我国的自主创新能力相应的建议。

8.1　相　关　结　论

本书前述章节综合应用文献分析、实地调研、归纳推理、案例研究、实验验证等方法，定性分析与定量分析相结合，对 Living Lab 中知识创造的过程、用户知识获取机理、知识生成与演化机理等进行了深入研究，主要研究结论包括如下几方面。

第一，通过文献归纳与调查研究的方法，总结了 Living Lab 的核心特征，分析归纳了 Living Lab 中知识创造的总体流程。

通过调查发现，无论是欧洲还是其他地区的 Living Lab 项目，其目标都可以概括为提升企业与区域的创新能力，打造开放式协作创新的平台，其核心特征还包括用户的参与、真实的创新环境与现代信息通信技术的广泛应用。通过对 Living Lab 创新过程的归纳总结，可以明白 Living Lab 的创新过程完全是一个知识引入、生成和进化的过程，这些知识的创造过程是参与其中的多个组织和个体在一定的环境中共同进行的，通过对创新过程进行分析和归纳，本书认为 Living Lab 中的知识创造过程包括用户知识的捕获及知识的演化两个大阶段，知识的演化过程又可以分解为知识生成过程与知识进化过程。

第二，深入研究了用户知识的内涵，确定了影响用户知识获取效果的 8 个情境因素，并通过统计分析的方法，证明 Living Lab 创新模式对情境因素有不同的作用效果。

Living Lab 方法能够提高用户知识的可表达性，也就是能够显著促进知识显性化，能够缩短科研人员与用户的心理（情感）距离、物理距离、知识距离，能够促进知识转移活动，从某种程度上能够提高用户的知识转移意愿、知识接收者的知识选择能力和归纳能力。本书就 Living Lab 方法对这些情景因素的作用机制进行了依次分析，在用户知识转移意愿方面，认为参与 Living Lab 的用户在经过短时间的参与过程后，其参与意愿会很快提高，在后期能够保持基本稳定，用户知识转移意愿的动机主要是追求社会价值，以及对未来产品或服务价值的预期，另外兴趣和物质利益也有一定的作用。Living Lab 中信息通信技术工具和真实情境因素，又能够为用户隐性知识的显性化、知识转移双方心理情感距离的缩短提供较大的帮助，通过现代通信工具的应用，双方减少了面对面的直接接触，降低了知识转移成本，也就缩小了双方的物理距离。Living Lab 方法本身就是一种知识转移的环境，其中嵌套着很多知识转移活动和流程，所以 Living Lab 对促进知识转移活动的开展有显著的正面作用。对于知识接收者来说，知识选择能力很大程度上对应的是用户的显性知识，所以在 Living Lab 模式中短期内会有很大的提升，而知识归纳能力更多的对应着隐性知识的转移效果，需要较长的时间进行培养。

第三，通过因子分析与回归分析，确定了影响用户知识获取效果的敏感性因素，并结合前面的统计分析归纳了用户知识的获取机理。

分析结果显示情感距离、转移活动与显性化水平三个因素可以解释知识转移效果的90%以上，可以认为情感距离、转移活动、显性化水平是对知识转移效果影响力最大的三个因素，或者说是敏感性因素。实际上，由于多元回归分析方法要求各因变量间不能存在显著的相关关系，其他因素并不是没有起到作用，而是在回归过程中被排除掉了。情境因素与知识转移效果之间的作用机理非常复杂，各种因素是叠合在一起共同作用的，但从统计学上来说，确定的三个敏感性因素是有意义的。结合因子分析结果可以看到，这三个敏感性因素都属于第一因子范畴，也就是隐性知识转移影响因子，这与很多专家关于知识结构中隐性知识占绝大部分的论断相印证。在此基础上，本书分析了 Living Lab 本质特征对影响因素的微观作用机理，归纳了用户知识的获取机理。

第四，基于知识演化视角，对 Living Lab 中知识的生成与进化过程进行了深入分析，探索了知识生成机理与知识进化机理。

基于知识创造的类生物模型，本书总结了创新过程中的知识生成机制，包括内部机制与外部机制，内部机制有两个生成途径，分别是新知识基因的产生，以及知识基因的突变，也就是"个体的顿悟"，外部机制主要是不同主体知识的交合机制。在 Living Lab 的创新过程中，首先需要引入用户的知识，创新团队中的其他人员要首先吸收用户的知识，与自己现有知识进行交合，其次通过 Living Lab 提供的知识共享平台，在创新团队中所有人员间进行深入与广泛的知识交流，同时通过信息通信技术工具辅助或者在真实的生活情境中，激发新知识基因的产生或知识基因的突变，促进不同知识间的交合，从而产生新的知识。

新知识通过原型设计体现在一定的产品或服务中，其后通过产品或服务的测试、反馈用户的意见，对知识进行验证和选择，通过多轮选择过程，正确的或适应需求的知识得以积累并进入应用，使得这部分知识得到持续的强化。

第五，通过构建 Living Lab 知识创造三维演化模型，在总体层面上归纳了 Living Lab 中知识创造机理，在方法论维度上总结了促进知识创造的方法和途径。

通过从本体论维度、认识论维度和方法论维度对 Living Lab 知识演化与创造过程进行解析，构建了 Living Lab 中知识创造的三维演化模型，揭示了其知识生成与演化机理。经过长期的项目观察和案例研究，本书发现在绝大部分 Living Lab 中，存在着一个由科研人员、技术开发人员、商业管理人员、部分用户等主体组成的核心创新团队，产品或服务的实际设计过程是由核心创新团队进行的，Living Lab 的实际运作也是基于核心创新团队的。在本体论维度，促进知识沿着用户—创新个体—创新小组—组织间核心创新团队的路径进行转移和演化，提高核心创新团队的知识密度，同时促进知识的创造过程，在认识论维度，通过上述方法提高创新团队个体知识的异质性和完备性，激发创新团队个体的知识基因突变——个体的"顿悟"，通过知识选择过程实现对创新团队知识的持续改进，同时也促进 Living Lab 知识创造的 SS-EC-IE 循环。在 Living Lab 的知识创造过程中，从方法论方面存在三个方面的可调变量，分别是信息通信技术工具的应用程度、用户参与程度和情境参与度，可以通过采取相应的手段来对这三个方面施加影响，如打造合理的动态虚拟组织结构、提高知识共享的深度和频度、增加知识选择次数、实施知识基因工程等途径对这三个方面的参数进行优化，从而对另外两个维度施加影响。

第六，通过案例分析和实验的方式对 Living Lab 中部分知识创造机理进行验证，证明 Living Lab 的特征因素对知识创造有显著正面影响。

通过实际的案例和实验分析，第一是有足够的证据证明用户知识具有独特的价值，用户参与可以显著提高产品或服务的用户价值，Living Lab 创新模式可以成功地将用户知识融入产品与服务去；第二是真实的创新环境不仅有利于用户黏滞性知识的转移，也有利于创新团队进行知识共享，激发"顿悟"，促进更多新知识的产生；第三是用户知识的获取有效改善了创新团队的知识结构，更有利于新知识的创造；第四是知识的共享过程是新知识源源不断产生的基础；第五是异质性的知识更有利于知识的创造，科研人员与用户的合作是促进知识创造的有效途径。

Living Lab 是个新生事物，出现的时间还不长，在我国相关项目和研究开展的时间更晚一点，作为一个新颖而富有挑战性的研究课题，无论是可供研究的实际项目还是相关文献，数量还都很有限，这给本书研究增加了难度，但同时这也为本书研究的创新与改进留下了充分的空间。

第一，Living Lab 的知识创造是一个极为复杂的过程，本书根据现有资料进行归纳总结，给出了 Living Lab 中知识创造的总体框架，阐述了其总体机理，由于研究时间的制约，很多微观机理还需更深化、细化的研究，并进行更多的验证工作。

第二，Living Lab 作为大数据时代的创新范式，按照数据—信息—知识的逐步进化观点，数据相当于知识基因，也是知识生成的重要源泉。对于从用户、技术提供商那里得到的海量数据，如何运用数据挖掘与数据加工的方法获得必要的知识，本书尚未涉及。

第三，由于研究资源的限制，Living Lab 在我国实际开展的项目很少，开展的时间还很短，现有 Living Lab 正处于建设过程中，还没有到成熟的程度。所以案例研究还略显单薄，实证研究中的样本量也有限，这些可能会在一定程度上影响研究的准确性。在实验验证过程中，还难以对 Living Lab 的知识创造机理进行全方位的验证。

Living Lab 作为知识经济与信息时代一种全新的创新模式，经过前期探索，已经日渐成熟，有效提高了区域及企业的自主创新能力。但总体说来，还有很多地方还有待于进一步的研究。

首先是 Living Lab 与现代信息技术的进一步结合问题，Living Lab 与其他创新方法的集成问题，如与大数据技术的协调与整合问题，应当继续研究将大数据系统植入 Living Lab 的途径与方法，为 Living Lab 中知识创造提供新的形式。特别是 Living Lab 与现代网络技术的进一步整合，利用现代网络技术对 Living Lab 进行持续的改造和升级还需加强。Living Lab 的创新过程或知识创造过程需要更多创新方法来提供支持，包括促进知识共享的方法，如智力激励方法、设计辅助方法等，研究 Living Lab 与信息技术与其他创新方法的集成问题，是一个非常有意义的研究方向。

其次是 Living Lab 的运行机制与商业化路径问题。目前无论是在欧洲还是在中国，Living Lab 的发起和运行还在很大程度上依托政府投资与研究机构的科研资金，一些 Living Lab 在运行机制上进行了基于市场化原则的试验和探索，取得了一些宝贵经验，但还需进一步研究 Living Lab 的运行机制问题，只有这样，方可保证 Living Lab 的可持续发展。另外一个受到很多人关注的问题就是 Living Lab 创新系统与市场的接轨问题，如应当积极探索合作创新下产品与服务的商业化模式问题。需要进一步研究 Living Lab 中的知识价值规律与知识的增值原理，以及 Living Lab 中知识的商业化转换机理。

最后是 Living Lab 在我国的本地化改造与推广问题。研究如何根据中国的国情和现实需求对 Living Lab 的组织模式进行合理化改造，与我国的国家及区域创新系统进行有效对接。对 Living Lab 创新方法进行推广和应用，让 Living Lab 这种创新模式或创新方法在我国继续生根发芽，为提升我国区域及企业的自主创新能力提供支撑。

8.2　Living Lab 的启示

Living Lab 创新模式的产生不是一个偶然的现象，它是时代的产物，是知识社会中创新模式适应社会结构与社会环境变化的必然结果。Living Lab 的相关理念，为新时代的创新提供了很多宝贵的启示。

8.2.1　推动发展与应用新一代信息技术

Living Lab 非常强调对现代信息通信技术的应用，对相关信息通信技术工具的开发和使用成为 Living Lab 研究项目的一个重要研究领域。实际上，也只有在信息通信技术工具的辅助之下，Living Lab 的核心功能才能得以实现。通过对近年来世界各地实际开展的 Living Lab 研究项目来看，很多项目分布在智慧城市、生活服务、老龄服务、医疗服务、智能教育等领域，普遍应用了大数据、云计算、物联网、移动互联网、人工智能、虚拟现实等新一代信息技术，很多 Living Lab 践行者本身就是相关信息技术领域的专家，在信息技术工具的研发和使用方面进行了深入探索。以 Living Lab 为代表的创新 2.0 与新一代信息技术呈现出相辅相成的关系，一方面，新一代信息技术是创新 2.0 的发展基础，没有这些技术的支持，创新 2.0 的主要理念就无法实现，新一代信息技术的迅速成熟，极大地推动了创新 2.0 的实践；另一方面，创新 2.0 取得的巨大成就及美好前景，又激发了人们继续研究新的信息技术的热情，最近一段时间，新一代信息技术的发展速度可谓突飞猛进，微软、谷歌、IBM、苹果、西门子等大牌信息技术企业都纷纷加大了这方面的投入，推出了很多相关产品，中国的华为、百度也开启了类似项目。

新一代信息技术是近年来出现的概念，属于国家"十二五"规划中列出的七大国家战略性新兴产业体系之一，规划要求"加快建设宽带、泛在、融合、安全的信息网络基础设施，推动新一代移动通信、下一代互联网核心设备和智能终端的研发及产业化，加快推进三网融合，促进物联网、云计算的研发和示范应用。着力发展集成电路、新型显示、高端软件、高端服务器等核心基础产业。提升软件服务、网络增值服务等信息服务能力，加快重要基础设施智能化改造。大力发展数字虚拟等技术，促进文化创意产业发展"。中国工程院院士李国杰认为，新一代信息技术，不只是指信息领域的一些分支技术如集成电路、计算机、无线通信等的纵向升级，更主要的是指信息技术的整体平台和产业的代际变迁。

根据李国杰的观点，第一代信息技术平台是 20 世纪 80 年代采用的大型主机为特征的简易平台，功能有限，价格昂贵，信息的传递还以比较低级的形式进行；第二代信息技术平台的出现和发展为 20 世纪 80 年代中期到 21 世纪初，信息网络开始出现并逐步成熟，主要形式为个人计算机和通过互联网连接的分散的服务器，信息传播更加快捷，同时多媒体开始逐步普及，知识的传播加快；新一代信息技术属于第三代信息技术，"新"在网络互联的移动化和泛在化、信息处理的集中化和大数据化、信息服务的智能化和个性化。新一代信息技术发展的热点不是信息领域各个分支技术的纵向升级，而是信息技术横向渗透融合到制造、金融等其他行业，信息技术研究的主要方向将从产品技术转向服务技术。以信息化和工业化深度融合为主要目标的"互联网+"是新一代信息技术的集中体现。新一代信息技术的特征主要表现在三个方面：一是网络互联的移动化和泛在化，近年来基于智能手机或移动智能设备的应用频率已经超过计算机，移动设备可以实现更多的功能，包括网络支付、网络社区互动、网络购物、社交等，过去几十年的信息网络发展实现了计算机与计算机、人与人、人与计算机的交互联系，未来信息网络发展的一个趋势是实现物与物、物与人、物与计算机的交互联系，将互联网拓展到物端，通过泛在网络形成人、机、物三元融合的世界，进入万物互联时代；二是信息处理的远程化和大数据化，信息的处理不再单纯的依靠本身的计算机，而是通过云计算这种远程服务的方式，统一调配计算和存储资源，高效率地满足众多用户个性化的并发请求，传感器和存储技术的发展大大降低了数据采集和存储的成本，使得可供分析的数据爆发式增长，如何有效挖掘大数据的价值已成为新一代信息技术发展的重要方向；三是信息服务的智能化和个性化，在历时几十年的数字化和网络化的基础上，新一代信息技术逐步转向智能化与个性化，大量的数据经过处理，形成可用的知识，智能化技术能够模仿人类的学习、思考与决策过程，从而减轻人类的脑力劳动，提供个性化的服务。智能化技术目前已经取得了很大进展，如自动驾驶技术，德国的工业 4.0，其典型特征也是智能化。

新一代信息技术之所以在创新 2.0 中普遍得到广泛应用，是因为其对创新 2.0 有极大的支持作用。第一是新一代信息技术是现代知识管理的基础，在知识社会，不但知识总量巨大，同时由于社会发展的动态性，知识更新速度加快，无时无刻都需要新的知识来解决新的问题。这样巨大的数据与知识量，依托传统信息技术很难进行有效管理和利用。同时新一代信息技术有利于知识创造，知识是数据、信息的更高级形态，在新一代信息技术的支持下，数据与信息的进化才更有效。第二是新一代信息技术可以有效地节省传统资源，在虚拟空间中，数据、知识和信息资源可以在很大程度上取代传统的人力、物力资源，使业态赖以生存、运作的资源由原来的私有排他性、日常损耗性、运作低效性和使用有限性变成开放共享性、永续可用性、运作高效性、使用无限性。第三是新一代信息技术有利于传统业态的升级，两者的结合是孕育新业态的基础，如目前进行的如火如荼的"互联网+"，通过现代信息技术与传统行业的融合，实现传统业态的改造升级。

8.2.2　大力鼓励与扶持大众创新

以 Living Lab 为代表的创新 2.0 是知识社会下创新活动日渐复杂化的背景下，充分应用现代信息技术实现以用户为中心、多方参与，以真实的社会实践为依托的一种革命性的创新模式，大众创新、协作创新是其典型特征。创新 2.0 的出现与发展，正是创新适应社会结构进化的典型表现，是知识社会背景下创新活动的民主化体现。知识社会下的创新首先就体现为创新主体的变化，在知识经济社会，创新不再是阳春白雪，知识的定义也决定了知识的分布是广泛的，知识的泛在性说明每一个人都可以是创新者。我国正在鼓励的"大众创业，万众创新"活动，正体现了这种变化，体现了时代的潮流。知识的创造原理也告诉我们，创新主体的数量越多，知识的交流强度就越大，新知识的创造速率也越快。在欧洲，Living Lab 也因此被认为是"草根"创新的重要体现。

创新 2.0 不是一个突然产生的概念，而是逐步进化而来的。首先是是开放性创新阶段，创新过程从封闭转为开放，注重借助系统外部的资源；在开放性创新的基础上，逐步延伸为协同创新，不仅要利用外部的资源，而且要进一步打破创新主体间的孤立状态，多个创新主体间进行协作，充分发挥不通主体的差异化优势，提升总体效果。目前进行的如火如荼的"互联网+"就是协同创新的重要体现；开放性创新的继续进化，就是大众创新阶段，在新一代信息技术的支持下，创新主体开始下移和泛化，创新主体的数量急剧增加。

党的十八大明确提出实施创新驱动发展战略，将其作为关系国民经济全局紧迫而重大的战略任务。党的十八届五中全会将创新作为五大发展理念之首，进一步指出，坚持创新发展，必须把创新摆在国家发展全局的核心位置，不断推进理论创新、制度创新、科技创新、文化创新等各方面创新，让创新贯穿党和国家一切工作，让创新在全社会蔚然成风。李克强总理在 2015 年政府工作报告中提出，推动大众创业、万众创新，培育和催生经济社会发展新动力。2015 年 6 月，国务院颁布了《关于大力推进大众创业万众创新若干措施的意见》，明确指出，推进大众创业、万众创新，是培育和催生经济社会发展新动力的必然选择，是扩大就业、实现富民之道的根本举措，是激发全社会创新潜能和创业活力的有效途径。这是认真总结国内外发展实践经验和理论认识的结果，符合当今世界发展实际和创新潮流，具有重要的理论意义和现实意义①。国家发展和改革委员会宏观经济研究院副院长王昌林认为，大众创业、万众创新揭示了创新创业理论的科学内涵和本质

---

① http://news.163.com/15/1231/07/BC595VDK00014JB5.html。

要求，反映了人类创新发展历史和经济发展的一般规律，是坚持创新发展、实施创新驱动发展战略的关键实现途径，是推进供给创新的重大结构性改革。

经过 30 多年的改革开放，我国已经为新的创新方法与创新模式提供了良好的基础，各类创新示范区、科技园、孵化器等机构已经在全国各地开花结果。根据统计，全国科技企业孵化器 1600 多家，在孵企业 8 万余家，提供就业岗位 175 万多个，已毕业企业超过 5.5 万家，其中上市和挂牌企业近 500 家；大学科技园 115 家，大学生科技创业基地 200 多家，每年新增就业岗位超过 15 万个；2014 年，中关村自主创新示范区诞生科技企业 1.3 万余家，115 家国家级高新区总收入达 23 万亿元，每年吸纳应届毕业生超过 50 万人；技术市场体制不断健全，2014 年全国技术合同成交额达 8577 亿元；创业投融资市场体系日益完善，全国创业投资机构 1400 多家，资本总量超过 3500 亿元[230]。创新环境的优化，以及信息技术的快速发展，使得更多的创新者加入创新与创业的大军，创业主体从"小众"到"大众"，出现了以 90 后草根创业者、大企业高管及连续创业者、科技人员创业者、留学归国创业者为代表的创业"新四军"。创业服务从政府为主到市场发力，涌现出车库咖啡、创客空间、天使汇等一大批市场化新型创业服务机构。天使、创投等投融资服务快速发展，投资路演、咨询辅导、技术转移等专业服务加快兴起。创业活动从内部组织到开放协同，互联网、开源平台降低了创业边际成本。技术市场促进了技术成果与社会需求和资本的对接。高校院所开放仪器设备，大企业建立开放创新平台，带动更多人选择创业。社交网络链接了创业者奇思妙想与用户的个性化需求，用户体验成为创新创业的出发点。

为大力鼓励与扶持万众创新，建议各级政府制订方案，提供扶持政策，改善市场环境。第一，逐步推出各类扶持与鼓励政策，鼓励广大用户、基层工作者主动参与创新，特别是进一步加强知识产权保护，将创新成果的收益最大限度的落实到创新者身上，提高广大群众参与创新活动的积极性；第二，大力扶持与发展创新创业服务机构与平台，鼓励各类科研机构与高等学校开放其各类科研资源，进一步发挥现有创新产业园、高新区、孵化器的作用，鼓励多方协同创新；第三，改善市场环境，按照市场经济原则，强化市场配置资源的决定性作用，着力完善创新创业政策体系和制度体系，保障创新创业者合法权益和竞争秩序；第四，不断夯实创新创业基础设施，提高政府公共服务水平；第五，政府对初创企业的扶持方式要从选拔式、分配式支持向普惠式、引领式转变，形成公平竞争、优胜劣汰的市场经济秩序。

8.2.3　基于真实情境进行创新

Living Lab 强调在真实的情境中创新，研究表明，真实的情境有利于提高知识的创造速率与创造质量。实际上，与传统的创新模式相比，Living Lab 是把实验室扩展到了整个社会生活。在传统的实验室中，各种情境因素往往都是人为设定的，这严重影响了创新的质量与准确性，为了研究某个机理，往往需要重复多次试验，消耗了过多的资源，在时间和物质上都有浪费。而 Living Lab 则实际是直接在真实的过程中采集数据，研究过程、实验过程与实际生活过程合并为一体，保证了创新的准确性、及时性与有效性。所谓真实情境，应当体现为三个方面，即真实的环境、真实的数据和真实的主体。

真实的环境是指创新的周边要素是真实的，包括物理环境与社会环境，如时间、地点、事件、制度、政策等。通过把创新的环境扩展到人类真实的日常生活和各类主体真实的经营、管理过程，实现研究要素的强控制向弱控制改变。在这种情况下，每个人的日常行为、各种生产经营活动的过程、技术与经济的种种指标及其实时变化过程，都成为研究对象，在大众创新主体的共同作用下，获得更加真实有效的创新成果，实现创新绩效的改进。

在创新中，应用真实的数据可以获得更好的研究结果，减少由于数据不足而导致的偏差。在新的创新模式中，数据真实性的同时也伴随着数据的大量性，在这种情况下，大数据技术也就应运而生，在很大程度上推动了创新模式的进化。大数据技术的应用成为 Living Lab 的一个通行做法，Living Lab 实际上也成为大数据时代的创新范式。所谓的大数据，就是传统的软件和数据库技术难以处理的海量、多模态、快速变化的数据集，这些数据的来源一般是真实的生活情景、商业运营过程、社会运行过程等，在日益复杂的创新过程中，由于强调真实，普遍会产生海量的数据，对这些数据进行智能分析，是提升创新效果的重要手段。

有关真实情境表述的第三点是创新的主体是真实的。在传统的创新模式中，无论是抽样调查还是用户扮演模式，所得到的数据都是片面的、局部的，难以真实反映全面的状况及发展趋势。创新主体的真实性一个重要的表现就是每一个个体，无论是科研人员、管理人员还是用户，都能意识到自己是创新者，自己的行为可以改变创新的进程和效果。科研人员、管理人员、用户通过协作，更容易搞清很多事物与业务的内在机理，更加准确地推测未来变化趋势。在创新 2.0 模式中，行为科学成为一个重要的理论依据与研究手段，很多项目都是基于信息技术与行为科学理论开展的。

在真实的情境中进行创新，这在现代信息技术出现之前是不可能实现的，目前风靡我国的"互联网+"，其实质也是对传统产业进行信息化改造，从而实现针对真实环境、真实数据与真实主体的改造。

中国的阿里巴巴其实就是一个典型的案例，可以非常明白地说明真实情境中创新的重大效果。电子商务是阿里巴巴的核心业务，我们可以把电子商务与线下实体店做个比较，看看电子商务有哪些核心优势。从业务内容来看，两者是相同的，都是销售某些产品。但是，电子商务每卖出一件产品，都会留下一条详尽的记录，如什么商品、什么价格、谁买的、什么情况下买的、顾客具有什么特征。不仅如此，电子商务还可以详尽地记录客户是如何挑选商品的，客户的行为也被记录下来，如客户的网站点击记录，商家可以更清楚地了解客户，更及时地预测其需求的变化，经营者与消费之间能够建立更强的联系。而传统的线下商店却没有办法记录这么详细的数据，对于一家实体店的老板来说，只能很粗线条地知道自己的货物卖到了哪一个地区、一段时间内卖了多少，而无法回答更详细的问题，其数据的粒度、宽度、广度、深度都非常有限，所以对自己今后的经营也只能大概进行预测。对于电子商务来说，不需要进行抽样，不需要进行局部的市场调研，可以完全基于真实的环境、真实的数据和真实的主体进行分析，当然，这个分析过程离不开新一代信息技术的支持。

参 考 文 献

[1] Robert B. Tucker-Driving Growth Through Innovation: How Leading Firms are Transforming Their Futures[M]. San Fra. qdsco: Berrett-Koehler Publishers, 2002.

[2] 贝尔 D. 后工业社会的来临[M]. 北京:新华出版社, 1997.

[3] Song G, Cornford T. Mobile government: towards a service paradigm[C]. Proceedings of the 2nd International Conference on e-Government, University of Pittsburgh, USA, 2006: 208-218.

[4] Cantwell J, Kosmopoul E. Determinants of internationalization of corporate teleology[R]. DRUID Working Paper, 2001: 1-8.

[5] Chesbrough H W. The era of open innovation[J]. Sloan Management Review. 2003, 44 (3): 35-41.

[6] Hooper M J, Steeple D, Winters C N. Costing customer value: an approach for the agile enterprise[J]. International Journal of Operations & Production Management, 2001, 2 (56): 630-644.

[7] Hippel E. Democratizing Innovation[M]. Cambridge: MIT Press, 2005.

[8] 宋刚, 纪阳, 陈锐, 等. Living Lab 创新模式及其启示[J]. 科学管理研究, 2008, (26): 4-7.

[9] Song G. Transcending e-government-a case of mobile government in Beijing[A]. Proceedings of the First European Conference on Mobile Government[C]. Brighton: Sussex University, 2005.

[10] 疏腊林, 危怀安, 聂卓, 等. 创新 2.0 视角下协同创新的主体研究[J]. 科技与经济, 2014, 27 (157): 16-20.

[11] Thorsell J. Innovation in learning: how the Danish leadership institute developed 2, 200 managers from Fujitsu services from 13 different countries[J]. Management Decision, 2007, 45 (10): 1667-1676.

[12] Cooper R G. Product Leadership: Pathways to Profitable Innovation[M]. 2nd ed. New York: Basic Books. United States of America, 2005.

[13] Hippel V E. Lead users: a source of novel product concepts[J]. Management Science, 1986, 32 (7): 791-805.

[14] Reichwoud. R, Seifert S, Walcher D, et al. Customers as part of value. Webs: towards a framework for webbed customer innovation tools[C]. 37th HICCS, Hawaii, 2004.

[15] 王爱峰, 刘建兵, 李存金, 等. 用户参与对服务创新绩效的实证研究——基于实验分析方法[J]. 技术经济, 2014, 9 (33): 31-36.

[16] 宋刚, 张楠. 创新 2.0: 知识社会环境下的创新民主化[J]. 中国软科学, 2009, (1): 60-66.

[17] Ballon P, Pierson J, Delaere S. Test and Experimentation Platforms for Broadband Innovation: Examining European Practice. Studies on Media, Information and Telecommunication [M]. Brussel: Interdisciplinary Institute for BroadBand Technology (IBBT), 2008.

[18] 邓爱华. LIVING LAB：创新的生活实验室——访北京邮电大学移动生活与新媒体实验室主任纪阳[J]. 科技潮，2011，3：30-33.

[19] Pierson J O，Lievens B. Configuring living labs for a "thick" understanding of innovation[J]. Ethnographic Praxis in Industry Conference Proceedings，2005，（1）：114-127.

[20] Salminen J，Konsti-Laakso S，Pallot M，et al. Evaluating user involvement within living labs through the use of a domain land-scape[C]. ICE 2011，Aachen，2011：1-10.

[21] Almirall E，Lee M，Wareham J. Mapping Living labs in the landscape of innovation methodologies[J]. Technology Innovation Management Review，2012，9：12-18.

[22] Westerlund M，Leminen S. Managing the challenges of becoming an open innovation company：experiences from Living Labs[J]. Technology Innovation Management Review，2011，10：19-25.

[23] Lesminen S，Westerlund M，Nyström A G. Living Labs as open-innovation networks[J]. Technology Innovation Management Review，2011，9：6-11.

[24] Mulvenna M D. Innovation through knowledge transfer[J]. Smart Innovation，Systems and Technologies，2011，9：253-264.

[25] Van der Walt J S，Buitendag A A K. Community Living Lab as a collaborative innovation environment[J]. Issues in Informing Science and Information Technology，2009，6：422-436.

[26] Tang T，Wu Z，Matti H，et al. From Web2.0 to Living Lab：an exploration of the evolved innovation principles[J]. Journal of Emerging Technologies in Web Intelligence，2012，4（4）：379-385.

[27] 李青，娄艳秋. Living Lab 国外研究概况综述[J]. 北京邮电大学学报（社会科学版），2012，2（14）：88-93.

[28] 纪阳. 迈向创新 20 的 Living Lab 创新模式[EB/OL]. http：//www.doc88.com/p-146668139099.html[2012-10-07].

[29] 纪阳. Living Lab 创新体现建设[J]. 科技前瞻，2010，（12）：12-18.

[30] Følstad A. Living Labs for innovation and development of communication technology：a literature review[J]. The Electronic Journal for Virtual Organisations and Networks，2008，10，99-131.

[31] Budweg S，Schaffers H. Enhancing collaboration in communities of professionals using a Living Lab approach[J]. Production Planning & Control，2011，（22）：594-609.

[32] Vicini S，Bellini S，Sanna A. User-driven service innovation in a smarter city Living Lab[C]. Service Sciences（ICSS），2013 International Conference，2013：254-259.

[33] Prendinger H，Gajananan K，Zaky A. Tokyo virtual Living Lab：designing smart cities based on the 3D Internet[J]. IEEE Internet Computing，2013，17：30-38.

[34] Chen Y T. Formulate service innovation in accordance with a Living-Lab based service engineering architecture[C]. Service Sciences，2011 International Joint Conferencen，2011：272-276.

[35] Katzy B R. Designing viable business models for Living Labs[J]. Technology Innovation Management Review，2012，（9）：19-24.

[36] Guzman J G，Carpió A F. Living Labs for user-driven innovation[J]. Research-Technology Management，2013，29-39.

[37] Van der Walt J S, Buitendag A K K, Zaaiman J J, et al. Community living lab as a collaborative innovation environment[J]. Issues in Informing Science and Information Technology, 2009, 6: 421-436.

[38] Van der Walt J S, Thompson W J. Virtual Living Lab quality assurance of meat e-markets for emergent farmers in South Africa[C]. Proceedings of the 11th Annual Conference on World Wide Web Applications, Port Elizabeth, South Africa, 2009.

[39] Schumpeter J A. The Process of Creative Destruction, in Capitalism, Socialism and Democracy[M]. London: George Allen & Unwin, 1942: 81-86.

[40] 毛凯军. 技术创新: 理论回顾与探讨[J]. 科学学与科学技术管理, 2005, 5: 55-59.

[41] 查有梁. 什么是模式论 [J]. 社会科学研究, 1994, 2: 89-92.

[42] 黄冠群. 论高职院校校企合作模式构建的理论基础[J]. 商场现代化, 2011, 21: 153-154.

[43] 席尔曼 M. 科技管理学[M]. 牛顿编译中心译. 台北: 牛顿出版社, 1986: 61.

[44] Alexander C. 建筑的永恒之道[M]. 北京: 知识产权出版社, 2004: 10-26.

[45] 王哲, 赵振华. 管理模式概念的探讨及在管理中的应用[J]. 科研管理, 1993, 3: 16-21.

[46] Silverberg G L D. Long waves and "evolutionary chaos" in a simple schumpeterianmodel of embodied technical change[J]. Structural Change and Economic Dynamics, 1993, 4: 9-37.

[47] Birchenhall C, Kastrinos K, Metcalfe S. Genetic algorithms in evolutionary modelling[J]. Journal of Evolutionary Economics, 1997.7: 375-393.

[48] 汪碧瀛, 杜跃平. 企业技术创新模式的路径选择与实证分析[J]. 科技进步与对策, 2006, 23（9）: 40-42.

[49] 魏江, 王江龙. 平行过程主导的产业集群创新过程模式研究——以瑞安汽摩配产业集群为例[J]. 研究与发展管理, 2004, 6（16）: 29-35.

[50] 张洪石, 卢显文. 突破性创新和渐进性创新辨析[J]. 科技进步与对策. 2005,（6）: 164-166.

[51] Kotelnikov V. Radical Innovation Versus Incremental Innovation[M]. Boston: Harvard Business School Press, 2000.

[52] Rechard L, Christopher M. Radical Innovation: How Mature Companies Can Outsmart Upstars[M]. Boston: Harvard Business School Press, 2000.

[53] 王黎娜, 龚建立, 温瑞珺, 等. 创新模型选择与自主创新能力提升机理研究[J]. 科技进步与对策, 2006,（7）: 5-7.

[54] 赵利红. 技术创新 "双螺旋结构" 演进理论浅析[J]. 山东商业职业技术学院学报, 14（1）: 101-104.

[55] 高柯. 技术创新是一种 "双螺旋结构" [J]. 华东科技, 2010, 6: 34-35.

[56] Schmookler J. Invention and Economic Growth[M]. Cambridge: Harvard University Press, 1966.

[57] Roberts E D. Management of Research, Development and Technology Based Innovation[M]. Cambridge: MIT Press, 1999.

[58] 罗森伯格. 探索黑箱———技术、经济学和历史[M]. 王文勇, 吕睿译. 北京: 商务印书馆, 2004.

[59] 高小珣. 技术创新动因的 "技术推动" 与 "需求拉动" 争论[J]. 技术与创新管理, 2011, 32（6）: 590-595.

[60] Freeman C，Soete L. Economics of Industrial Innovation[M]. London：Pinter，1997.

[61] 吴强. 开放式创新理论研究综述[J]. 商业时代，2010，6：70-71.

[62] 张武城. 创造创新方略[M]. 北京：机械工业出版社，2005：45.

[63] 段倩倩，侯光明. 国内外创新方法研究综述[J]. 科技进步与对策，2012，7（29）：158-160.

[64] Chesbrough H W. The era of open innovation[J]. Sloan Management Review，2003，（44）：35-41.

[65] Rigby D，Zook C. Open-market innovation[J]. Harvard Business Review，2007，10：68.

[66] Chesbrough H W. Why companies should have open business model[J]. MIT Sloan Management Review，2007，（48）：22-28.

[67] 吴强. 开放式创新理论研究综述[J]. 商业时代，2010，6：70-72.

[68] 陈劲，吴波. 开放式技术创新范式下企业全面创新投入研究[J]. 管理工程学报，2011，（4）：227-234.

[69] 王振红. 我国开放式创新理论研究评述[J]. 科学管理研究，2013，31（6）：9-14.

[70] 谢学军，姚伟. 开放式创新模式下的企业信息资源重组研究[J]. 图书情报工作，2010，（4）：75-79.

[71] 陈爽英，井润田，邵云飞. 开放式创新条件下企业创新资源获取机制的拓展——基于 Teece 理论框架的改进[J]. 管理学报，2012，（4）：542-547.

[72] 陈劲，王鹏飞. 选择性开放式创新——以中控集团为例[J]. 软科学，2011，（2）：112-115.

[73] Chesbrough H W. Open Innovation：The New Imperative for Creating and Profiting from Technology[M]. Boston：Harvard Business School Press，2003.

[74] 唐方成，仝允桓. 经济全球化背景下的开放式创新与企业的知识产权保护[J]. 中国软科学，2007，（6）：58-62.

[75] 陈艳，范炳全. 中小企业开放式创新能力与创新绩效的关系研究[J]. 研究与发展管理，2013，（1）：24-35.

[76] 曹勇，赵莉，苏凤娇. 企业专利管理与技术创新绩效耦合测度模型及评价指标研究[J]. 科研管理，2011，（10）：55-63.

[77] 陈钰芬，陈劲. 用户参与创新：国外相关理论文献综述[J]. 科学学与科学技术管理，2007，2：52-57.

[78] Von Hippel E. The Sources of Innovation [M]. New York：Oxford University Press，1988.

[79] 雍灏，陈劲，郭斌. 技术创新中的领先用户研究[J]. 科研管理，1999，（3）：57-61.

[80] Lettl C，Herstatt C，Gemuenden H G. Users' contributions to radical innovation: evidence from four cases in the field of medical equipment technology[J]. R&D Management，2006，36（3）：251-272.

[81] Allee V. The Knowledge Erolution：Expanding Organizational Intelligence[M]. Boston：Butter-worth-Heinemann Press，1977：86-127.

[82] Braki H，Hartweick J. Rethinking the concept of user involvement[J]. MIS Quarterly，1989，3：52-63.

[83] Olsson E. What active users and designer contribute in the design process[J]. Interacting with Computers，2004，16：377-401.

[84] Ives B，Olson M. User involvement and miss success: a review of research[J]. Management

Science，1984，30（5）：586-603.

[85] 郑芳华. 企业知识生成与转化过程研究[D]. 天津大学博士学位论文，2011：14-17.

[86] 何明芮，李永健. 隐性知识认知和共享的研究综述和发展态势[J]. 电子科技大学学报（社会科学版），2010，(3)：10-14.

[87] Ackoff R. From data to wisdom[J]. Journal of Applied Systems Analysis，1989，(16)：3-9.

[88] 朱祖平. 刍议知识管理及其框架体系[J]. 科研管理，2000，21（1）：19-25.

[89] Teeee D J. Technology transfer by multinational firms：the resource cost of transferring technological know-How[J]. Eeonomie Journal，1977，87.

[90] 谭大鹏，霍国庆，王能元，等. 知识转移及其相关概念辨析[J]. 图书情报工作，2005，49（2）：7-10.

[91] 张莉，齐中英，田也壮. 知识转移的影响因素及转移过程研究[J]. 情报科学，2005，23（11）：1606-1609.

[92] 马骏，仲伟周，陈燕. 基于知识转移情境的知识转移成本影响因素分析[J]. 北京工商大学学报（社会科学版），2007，(22)：102-107.

[93] 周晓东，项保华. 企业知识内部转移、模式、影响因素与机制分析[J]. 南开管理评论，2003，(5)：7-10.

[94] 卢俊义，王永贵，黄永春. 顾客参与服务创新与顾客知识转移的关系研究[J]. 财贸经济，2009，12：126-130.

[95] 马庆国，徐青，廖振鹏. 知识转移的影响因素分析[J]. 北京理工大学（社会科学版），2006，8（1）：40-43.

[96] 左美云，赵大丽，刘雅丽. 知识转移机制的规范分析：过程、方式和治理[J]. 信息系统学报，2011（7）：22-36.

[97] 马费成，王晓光. 知识转移的社会网络模型研究[J]. 江西社会科学，2006，(7)：38-44.

[98] 张光磊，周和荣，廖建桥. 知识转移视角下的企业组织结构对技术创新的影响研究[J]. 科学学与科学技术管理，2009，(8)：78-84.

[99] Argote L，McEvily B，Regans R. Managing knowledge in organizations：an integrative framework and review of emerging themes[J]. Management Science，2003，49：571-582.

[100] Podolny J M，Stuart T E，Hannan M T. Networks，knowledge，and niches：competition in the worldwide semiconductor industry，1984-1991[J]. American Journal of Sociology，2002，102（3）：659-689.

[101] Reagans R，McEvily B. Network structure and knowledge transfer：the effects of cohesion and range[J]. Administrative Science Quarterly，2003，48：240-267.

[102] 唐方成，席酉民. 知识转移与网络组织的动力学行为模式[J]. 系统工程理论与实践，2006，(5)：122-127.

[103] 饶勇. 知识生产的动态过程与知识型企业的创建——对野中郁次郎 SECI 知识转化模型的扩展与例证分析[J]. 经济管理，2003，(4)：44-49.

[104] 耿新，彭留英. 企业知识的分类/分布与转化机制研究-系统化视角下对 SECI 模型的一个扩展[J]. 管理科学，2004，17（4）：43-48.

[105] Mikael H. Learning in imaginary organizations，creating inter organizational knowledge[J]. Journal of Organizational Change Management，1999，12（5）：419-438.

[106] 李柏洲，赵健宇，苏屹. 基于能级跃迁的组织学习——知识创造过程动态模型研究[J]. 科学学研究，2013，31（6）：913-920.

[107] 焦玉英，袁静. 基于 wiki 的群体知识共享与创新服务研究[J]. 情报科学. 2008，26（5）：652-656.

[108] Dawkins R. The Selfish Gene[M]. Oxford：Oxford University Press，1989.

[109] Dawkins R. The Selfish Gene: 30th Anniversary Edition[M]. Oxford: Oxford University Press，2006.

[110] 李伯文. 论科学的"遗传"和"变异"[J]. 科学学与科学技术管理，1985，10：21-25.

[111] 刘植惠. 知识基因理论的由来、基本内容及发展[J]. 情报理论与实践，1998，2（21）：70-75.

[112] 和金生，熊德勇，刘洪伟. 基于知识发酵的知识创新[J]. 科学学与科学技术管理，2005，2：54-58.

[113] 姚威. 产学研合作创新中的知识创造过程研究[D]. 浙江大学博士学位论文，2009.

[114] Thorsell J. Innovation in learning: how the danish leadership institute developed 2，200 managers from fujitsu services from 13 different countries[J]. Management Decision，2007，45（10）：1667-1676.

[115] Leonard-Barton D. Wellsprings of Knowledge：Builiding and Sustaining the Sources of Innovation[M]. Boston：Harvard Business School Press，1995.

[116] Cook S，Brown J S. Bridging epistemologies: the generative dance between organizational knowledge and organizational knowing[J]. Organizations Science，1999，10（4）：381-400.

[117] Fong W. Knowledge Creation in multidisciplinary projects teams: an empirical study of the processes and their dyanmic inter-relation ships[J]. International Journal of Project Managenment，2003，（21）：479-486.

[118] Bergman J，Jantunen A，Mattisaksa J. Managing knowledge creation and sharing-scenarios and dynamic capabilities in inter-industrial knowledge works[J]. Journal of Knowledge Management，2004，8（6）：63-76.

[119] 杜宝苍，李朝明. 协同团队知识创造模型研究[J]. 武汉理工大学学报(信息与管理工程版). 2012，34（6）：797-802.

[120] 张雪，张庆普. 知识创造视角下客户协同产品创新投入产出研究[J]. 科研管理. 2012，33（2）：122-126.

[121] 王爱峰，侯光明，皮成功. 创新方法推广应用中的 Living Lab 模式[J]. 科技进步与对策，2014，31（1）：5-9.

[122] Almirall E. Living Lab and open innovation：roles and applicability[J]. The Electronic Journal of Virtual Organizations and Networks，2008，8（10）：21-44.

[123] Forza C，Salvador F. Managing for variety in the order acquisition and fulfillment process[J]. International Journal of Production Economics，2002，76：87-98.

[124] Levén P，Holmström J. Consumer co-creation and the ecology of innovation: a living lab approach[C]. Public systems in the future: possibilities，challenges and pitfalls，Sweden，System vetenskap，2008.

[125] Hargadon A，Bechky B A. When collections of creatives become creative collectives: a field study of problem solving at work[J]. Organization Science，2006，17（4）：484-500.

[126] Ståhlbröst A. Forming future IT-the Living Lab way of user involvement[D]. Luleå Univesity of Technology，2008.

[127] Hopfgartner F，Brodt T. Join the Living Lab：evaluating news recommendations in real time[J]. Advances in Information Retrieval，2015，9：826-829.

[128] Malavasi M，Agusto R. Living in the Living Lab! Adapting two model domotic apartments for experimentation in autonomous living in a context of residential use[J]. Ambient Assisted Living，2014，5：325-333.

[129] Tingan T，Matti H. Living Lab methods and tools for fostering everyday life innovation[C]. Proceedings of the 2012 18th International Conference on Engineering，Technology and Innovation，Springer-Verlag Berlin and Heidelberg GmbH & Co. K，2013.

[130] Yoo Y. Computing in everyday life：a call for research on experiential computing[J]. MIS Quarterly，2010，34：213-131.

[131] Guido B，Jerome G. Liivng Labs as intermediary in open innovation：on the roles of entrepreneurial support[C]. International Ice Conference on Engineering，2010.

[132] Lama N，Origin A. Services engineering & living labs a dream to drive innovation[J]. Innovation Ecosystems，2006，1：85-89.

[133] Mukhlason A L，Mahmood A K. SWA-KMDLS：An enhanced e-Learning management system using semantic web and KM technology[J]. Innovations in Information Technology（IIT），2009：335-339.

[134] De Jager L，Buitendag AAK，Van Der Walt J S. Presenting a framework for knowledge management within a web-enabled Living Lab[J]. SA Journal of Information Management，2012，14（1）：506-518.

[135] Neisser U. Cognition and Reality[M]. San Francisco：W.H. Freeman，1976.

[136] Weick K E. The Social Psychology of Organizing[M]. 2nd ed. Reading：Addison-Wesley，1979.

[137] Madhavan D，Lievens A. Virtual lead user communities：drivers of knowledge creation for innovation[J]. Research Policy，2012，41（1）：167-177.

[138] Hargadon A，Sutton R I. Building an innovation factory[J]. Harvard Business Review，2000，78（3）：157-166，217.

[139] Patnaik D，Becker R. Needfinding：the way and how of uncovering people's needs[J]. Design Management Journal，1999，10（2）：35-43.

[140] Castillo J. A note on the concept of tacit knowledge[J]. Journal of Management Inquiry，2002，11（1）：46-57.

[141] 高章存，汤书昆. 企业知识创造机理的认知心理学新探[J]. 管理学报，2010，1（7）：28-30.

[142] 陈武. 知识传播机理的物理学视角探讨[J]. 科技与产业，2010，1（10）：110-113.

[143] 何明芮，李永健. 隐性知识认知和共享的研究综述和发展态势[J]. 电子科技大学学报（社会科学版），2010，（3）：10-14.

[144] Hamel G. Competition for competence and inter：partner learning within international strategic alliance[J]. Strategic Management Journal，1991，12（4）：83-103.

[145] 齐力. 美国管理百科全书选编[M]. 北京：时事出版社，2004.

[146] 林崇德，杨治良，黄希庭. 心理学大辞典[M]. 上海：上海教育出版社，2004.

[147] 窦胜功，张兰霞，卢纪华. 组织行为学教程[M]. 北京：清华大学出版社.

[148] 张红川，王耘. 论定量与定性研究的结合问题及其对我国心理学研究的启示[J]. 北京师范大学学报（人文社会科学版），2001，4：99-105.

[149] 曹梅，朱学芳. 用户信息行为的研究方法体系初探[J]. 情报理论与实践，2010，1：37-40.

[150] Manyika，J，Chui M，Brown J，et al. Big data：the next frontier for innovation，competition and productivity[R]. McKinsey Global Institute，2011.

[151] 朱东华，张嶷，汪雪峰，等. 大数据环境下技术创新管理方法研究[J]. 科学学与科学技术管理，2013，34（4）：172-180.

[152] 侯锡林，李天柱，马佳，等. 基于大数据的企业创新机会分析研究[J]. 科技进步与对策，2014，7：1-5.

[153] Eriksson M，Kulkki S. State-of-the-art in utilizing Living Labs approach to user-centric ICT innovation-a European approach[EB/OL]. http：//www.cdt.ltu.se/main.php/SOA_LivingLabs. pdf[2005-01-02].

[154] Ingrid M，Stappers P J. Co-creating in practice：results and challenges[C]. Collaborative Innovation：Emerging Technologies，Environments and Communities，Proceedings of the 15th International Conference on Concurrent Enterprising：ICE 2009，Centre for Concurrent Enterprise：Nottingham，2009.

[155] Cummings J L，Teng B S. Transferring R&D knowledge：the key of factors affecting knowledge transfer success[J]. Journal of Engineering and Technology Management，2003，（20）：39-68.

[156] Argote L，Ingram P. Knowledge transfer：a basis for competitive advantage in firms[J]. Organizational Behavior and Human Decision Processes，2000，82（1）：150-169.

[157] 马俊，仲伟周，陈燕. 基于知识转移情境的知识转移成本影响因素分析[J]. 北京工商大学学报（社会科学版），2007，5（22）：102-108.

[158] 樊钱涛，王大成. 研发项目中隐性知识传递效果的影响机制研究[J]. 科研管理，2009，30（2）：47-56.

[159] 夏恩君，张明，朱怀佳. 开放式创新社区网络的系统动力学模型[J]. 科技进步与对策，2013，30（8）：14-17.

[160] 卢兵，岳亮，廖貅武. 联盟中知识转移效果的研究[J]. 科学学与科学技术管理，2006，8：84-89.

[161] Schumacher J，Feurstein K. Living Labs：the user as co-creator[C]. Proceedings of the 13th International Conference on Concurrent Enterprising，2007.

[162] Nambisan S. Designing virtual customer environment for new product development：toward a theory[J]. Academy of Management Review，2002，27（3）：392-413.

[163] Hansen M T. The search-transfer problem：the role of weak ties in sharing knowledge across organization subunits[J]. Administrative Science Quarterly，1999，44：82-111.

[164] Krishnan R，Martin X. When does trust matter to alliance Performance[J]. Academy of Management Journal，2006，49（5）：894-917.

[165] Zaheer A，McEvily B，Perrone V. Does trust matter? Exploring the effects of inter-organizational and interpersonal trust on performance [J]. Organization Science，1998，9（2）：141-159.

[166] Jong G D，Woolthuis R K. The institutional arrangements of innovation：antecedents and performance effects of trust in high-tech alliances [J]. Industry and Innovation，2008，15（1）：45-67.

[167] 马华维，杨柳，姚琦. 组织间信任研究述评[J]. 心理学探新，2011，31（2）：186-191.

[168] Dyer J H，Chu W. The role of trustworthiness in reducing transaction costs and improving performance：empirical evidence from the United States Japan and Korea [J]. Organization Science，2003，14（1）：57-68.

[169] 施若，宗利永. 员工个体隐性知识显性化过程的各环节分析[J]. 贵州大学学报（社会科学版），2010，28（4）：47-51.

[170] 波普尔. 客观知识：一个进化论的研究[M]. 上海：上海译文出版社，2005.

[171] 和金生，吕文娟. 知识基因论的源起、内容与发展[J]. 科学学研究，2011，10（29）：1454-1457.

[172] 布莱克摩尔 S. 谜米机器：文化之社会传递过程的"基因学[M]. 高申春，吴友军译. 长春：吉林人民出版社，2001.

[173] Zollo M W，Inter S G. Deliberate learning and the evolution of dynamic capabilities[J]. Organization Science，2002，（13）：339-351.

[174] 唐春晖. 知识、动态能力与企业持续竞争优势[J]. 当代财经，2003，（10）：68-71.

[175] 江文年，杨建梅. 基于多视角知识演化的企业知识管理体系研究[J]. 科技管理研究，2004，（4）：65-67.

[176] 王建刚，吴洁，张青，等. 基于知识演化的企业知识流研究[J]. 情报理论与实践，2011，34（3）：30-34.

[177] Smith M J. Evolution：Natural and Artificial[M]. New York：Oxford University Press，1996.

[178] Jaffe A B，Trajtenberg M. Patents，Citations and Innovations：A Window on the Knowledge Economy[M]. MA：MIT Press，2002.

[179] Barton L D. Wellsprings of Knowledge[M]. Boston：Harvard Business School Press，1995.

[180] Musen A M. Dimensions of knowledge sharing and reuse[J]. Computers and Bio-medical Research，1992，25：435-467.

[181] Hendriks P. Why sharing knowledge：the influence of ICT on the motivation for knowledge sharing[J]. Knowledge and Process Management，1999，6（2）：91-100.

[182] Davenport T H，Pmsak L. Working Knowledge：How Organizations Manage What They Know [M]. Boston：Harvard Business School Press，1998.

[183] 魏江，王艳. 企业内部知识共享研究[J]. 技术经济管理研究，2004，（1）：68-69.

[184] Granovetter M. Economic action and social structure：the problem of embeddedness[J]. American Journal of Sociology，1985，91（3）：481-510.

[185] Lam A. Tacit knowledge，organizational learning and societal institutions：an integrated framework[J]. Organization Studies，2000，21（3）：487-513.

[186] Szulanski G，Cappetta R，Jensen R J. When and how trustworthiness matters：knowledge transfer and the moderating effect of causal ambiguity [J]. Organization Science，2004，（15）：600-613.

[187] Pucihar A，Malešič A，Lenart G，et al. User-centered design of a web-based platform for the

sustainable development of tourism services in a Living Lab context[J]. Smart Organizations and Smart Artifacts，2014，7：251-266.

[188] 张会平. 可视化技术在知识转化中的作用测度模型研究[J]. 情报探索，2013，1：93-96.

[189] Lamarck J B. Philosophie Zoologique[M]. Paris：Nouvelle Edition，1809.

[190] Nelson P R，Winter S G. The schumpeterian tradeoff revisited[J]. The American Economic Review，1982，72（1）：114-132.

[191] Freeman C. The Economics of Hope：Essays on Technical Change，Economical Growth and the Environment[M]. London：Pinter，1992.

[192] Blackmore S. The Meme Machine[M]. London：Oxford University Press，2000.

[193] 赵健宇，李柏洲. 对企业知识创造类生物现象及知识基因论的再思考[J]. 科学学与科学技术管理，2014，8（35）：18-28.

[194] Almirall E，Warehanm J. Contributions of Living Labs in reducing market based risk[C]. Proceedings of the 15th International Conference on Concurrent Enterprising，2009.

[195] Ciborra C. Notes on improvisation and time in organizations[J]. Accounting Management and Information Technologies，1999，9（2）：77-91.

[196] Stacey R D. The emergence of knowledge in organizations[J]. Emergence，2000，2（4）：23-39.

[197] Schumacher J，Feurstein K. Living Labs-the user as co-creator[EB/OL]. http：//www. ictusagelab.fr/ecoleLL/sites/default/files/Living%20Labs%20%20the%20user%20as%20co-creator%204-125_Feuerstein_final.pdf.1-5[2008-01-01].

[198] Daft R L，Huber G. How organization learning：a communication frame work[J]. Research in the Sociology of Organizations，1987，5（2）：1-36.

[199] Corso M，Martini A，Pellegrini L，et al. Managing dispersed workers：the new challenge in knowledge management[J]. Technovation，2006，26（5/6）：583-594.

[200] Matusik S F，Hill C W L. The utilization of contingent work，knowledge creation，and competitive advantage[J]. The Academy of Management Review，1998，23（4）：680-697.

[201] 刘嘉，许燕. 团队异质性研究回顾与展望[J]. 心理科学进展，2006，14（4）：636-640.

[202] 倪旭东. 知识异质性对团队创新的作用机制研究[J]. 企业经济，2010，（8）：57-63.

[203] Jehn K A，Northcraft G B，Neale M A. Why difference mace a difference：a field study of diversity，conflict，and performance in workgroups[J]. Administrative Science Quarterly，1999，44（4）：741-763.

[204] Lovelace K，Shapiro D L，Weingart L R. Maximizing cross-functional new product teams' innovativeness and constraint adherence：a conflict communications perspective[J]. Academy of Management Journal，2001，44（4）：779-793.

[205] Jetten J，Speaars R，Manstead A S. Defining dimensions of distinctiveness：group variability makes a difference to differentiation[J]. Journal of Personality and Social Psychology，1998，74（6）：1481-1492.

[206] 勾学荣. Living Lab 创新方法在网络课程建设中的应用[J]. 北京邮电大学学报（社会科学版），2012，（2）：30-34.

[207] Lepik K L，Krigul M. Introducing Living Lab's method as knowledge transfer from one socio-institutional context to another：evidence from helsinki-tallinn cross-border Region[J].

Journal of Universal Computer Science，2010，8（16）：1089-1098.

[208] Wabl M，Jack H M，Meyer J. Measurements of mutation rate in B lymphocytes[J]. Immunological Reviews，1987，96（1）：91-107.

[209] 杨勇华. 技术创新是拉马克式的吗？一个二分法的观点[J]. 科学学研究，2009，27（11）：1616-1619.

[210] Christa L，Maria J W，Holger R. Living Lab：user-driven innovation for sustainability[J]. International Journal of Sustainability in Higher Education，2012，13（2）：106-118.

[211] Sundbo J. Customer-based innovation of knowledge e-services：the importance of after innovation[J]. International Journal of Services Technology &Management，2008，9（3）：218-233.

[212] 蔺雷，吴贵生. 服务创新：研究现状、概念界定及特征描述[J]. 科研管理，2005，26（2）：1-5.

[213] Barras R. Towards a theory of innovation in services[J]. Research Policy，1986，4（16）：161-173.

[214] Wang A. Design intelligent service for elderly people using living lab approach[J]. Applied Mechanics and Materials，2014，536-537，4630-4633.

[215] 吴新文，熊永豪，赵枫，等. 基于知识增长规律的知识存量测度[J]. 科技进步与对策，2013，30（16）：152-155.

[216] 杨中楷，梁永霞，刘倩楠. 专利引用过程中的知识活动探析[J]. 科研管理，2010，31（2）：171-177.

[217] 叶选挺，张剑，刘云，等. 产业创新国际化知识流动测度研究——基于专利跨国引用网络的视角[J]. 科学学与科学技术管理，2014，35（9）：14-23.

[218] Cooper R G. Winning at New Products：Accelerating the Process from Idea to Launch[M]. 2nd ed. Reading：Perseus Books，1993.

[219] Amabile T M. Creativity in Context [M]. Boulder：Westview：1996.

[220] Hart S，Erik J H，Nikolaos T，et al. Industrial Companies' Evaluation Criteria in New Product Development Gates[J]. Journal of Product Innovation Management，2003，20（1），22-36.

[221] Cooper R G，Kleinschmidt E J. What makes a new product a winner：success factors at the project level[J]. R&D Management，1987，17（3）：175-189.

[222] 贾丽娜. 基于用户参与的企业交互式创新项目绩效影响因素研究[D]. 浙江大学硕士学位论文，2007.

[223] Wang Y J，Lee H S. Generalizing TOPSIS for fuzzy multiple-criteria group decision-making[J]. Computers and Mathematics with Applications，2007，（53）：1762-1772.

[224] Chen C T. Extensions to the TOPSIS for group decision-making under fuzzy environment[J]. Fuzzy Sets and Systems，2000，（114）：1-9.

[225] 曲国华，张星虎，李选才，等. 基于模糊 FNN-ELECTRE 法的国有商业银行竞争力评价[J]. 运筹与管理，2014，23（4）：168-174.

[226] Shannon C E. A mathematical theory of communication[J]. The Bell System Technical Journal，1948，27：379-423.

[227] 王爱峰. 未确知测度模型在建筑节能方案评价中的应用[J]. 数学的实践与认识，2008，

7（38）：76-79.

[228] 曹炳元. 应用模糊数学与系统[M]. 北京：科学出版社，2005.

[229] 岳超源. 决策理论与方法[M]. 北京：科学出版社，2010.

[230] 万钢. 点燃大众创新创业火炬，打造新常态下经济发展新引擎[N]. 科技日报，2015-03-27（1）.